ダム建設、水田整備と水生生物

ヒゲナガカワトビケラ オオカナダモ
オイカワ シオカラトンボ

松井 明

東京図書出版

はじめに

　あなたは今楽しんで勉強していますか。楽しみながら勉強することはなかなか難しいことかもしれません。それは、現在中学生の人はよい高校に入るため、高校生の人はよい大学に入るために教科書や参考書を覚えているからでしょう。しかし、それは本当の勉強ではありません。本当の勉強をするための基礎を習得している段階です。だから、楽しくないのです。では、本当の勉強とは何でしょうか。それは、自分の興味がある分野を見つけ、分からないことや知りたいことを自ら調べ、解決していくことです。自分の関心があることなので、楽しくないはずがありません。

　私も中学生、高校生のときは、読書が嫌いで、勉強といえば学校の教科書を覚えることだけでした。自分の興味がある分野が分からず、勉強がとても苦痛でした。自分の興味がない分野のことを覚えるだけですから楽しくありません。ただし、私は教科書を覚えることをすべて否定しているわけではありません。教科書を覚えると確かにテストの成績はよくなります。基礎を習得することは、本当の勉強をするために避けて通ることができないのです。

　世の中の大部分の大学生は、中学校、高校の基礎学力を習得することに疲れ果て、本当の勉強を知らないで大人になっているのが現状です。もったいないことです。これからが本当の勉強、つまり楽しみながら自分の興味がある分野を探究する入り口に立ったというのに。私もこのようにして大人になった１人でした。幸い、私は本当の勉強をするために、もう一度大学に戻ることができ、自分の興味がある分野で探究活動を行いました。その結果、博士号を取得することができました。

　私が興味があるのは環境問題です。特に、社会資本整備が環境に及ぼ

す影響を明らかにしたいと思いました。社会資本整備はダム建設、河川整備および水田整備などが含まれます。このような社会資本整備は、私たちの生活を快適・便利にしてくれるものです。しかし、社会資本整備が人間以外の動植物の生息・生育場所を破壊しているという問題が指摘されています。人間だけでなく、他の動植物にも配慮した社会資本整備は人間にとっても望ましく、今後速やかな実施が求められています。しかし、どのようなことに配慮してダム建設や水田整備を行えば動植物にとって望ましいのか分かっていないのが現状です。

　第1部では、ダムが水生生物に及ぼす影響を紹介します。ここでは、私が大学4年生のときに行った卒業論文、また社会人になり業務として取り組んだ成果をもとに、ダムと水生生物の関係を明らかにします。ダム下流河川に生息・生育する水生昆虫や水生植物のことなどさまざまな事実を知ることができるでしょう。

　第2部では、圃場整備（田んぼを整備すること）が水生動物に及ぼす影響を紹介します。ここでは、私が博士号を取得したときの研究論文をもとに、農業と水生動物の関係を解き明かします。水田地帯に生息する魚類やトンボ類のことを知ることで水田地帯の見方が変わるでしょう。

　あなたには今の教科書や参考書を覚えるだけの基礎の段階で終わってほしくありません。今後の長い人生のなかで楽しみながら探究活動を行い、知的欲求を満足していく充実感を味わってほしいのです。教科書を覚えることに全精力を使い果たすことなく、いろいろな本を読むことで、自分の興味がある分野を探してください。世の中にはまだ分かっていないことがたくさんあります。自分の興味があることだけでよいのです。楽しくなければ長続きしません。そして、あなたが自ら調べ、発見したことを発表することによって、人類の発展・幸福に貢献することができます。本書が、あなたに人生で与えられた使命に気づき、それを実行するきっかけになってくれればとてもうれしいです。

目 次

はじめに 1

第1部　ヒゲナガカワトビケラとオオカナダモ 5

 1　ダムの役割 7
 2　ダムの問題点 9
 3　ヒゲナガカワトビケラとダム 11
 4　オオカナダモとダム 48
 5　水生生物に配慮したダム水位操作 73
 6　今後の課題 76
   引用文献 78

第2部　オイカワとシオカラトンボ 81

 1　圃場整備の役割 83
 2　圃場整備の問題点 87
 3　圃場整備が水生動物に及ぼす影響 89
 4　水生動物に配慮した圃場整備 133
 5　今後の課題 142
   引用文献 144

おわりに 147
謝辞 149

第1部
ヒゲナガカワトビケラとオオカナダモ
── ダムが水生生物に及ぼす影響 ──

1　ダムの役割

　あなたはダムと聞いて、何を思い浮かべますか。おそらく山の上にある水がたまっているところだと思います。私が大学4年生のときに卒業論文で調査した大石ダム（新潟県）はそんなダムです。それは人工湖です。ところで、自然湖でもダム化しているものがあります。それが琵琶湖（滋賀県）です。琵琶湖は日本で最も大きい湖です。では、ダム化するとはどういうことでしょうか。琵琶湖の水は下流に流れます。そのとき、瀬田川にある洗堰という水位を調整するゲートが存在し、水を一時的にためることができます。水をためたり流したりすることができるので、琵琶湖はダム化しているといえるのです。独立行政法人水資源機構琵琶湖開発総合管理所が管理しています。このことは琵琶湖だけでなく、日本で二番目に大きい霞ヶ浦（茨城県）でも同様のことがいえます。独立行政法人水資源機構利根川下流総合管理所が管理しています。
　ダムは治水、利水、環境の面から私たち人間の生活を支えてくれています。だから、ダムは私たちが便利な社会生活を営む上で必要不可欠な存在です。では、治水、利水、環境とはどのようなことを指すのでしょうか。

➢治水

　洪水や台風が来たとき、一時的に水をためることで、河川の流量が多くなるのを防ぎ、下流河川の近くに住む人々の人命や財産を守ります。このときに力を発揮するのがダムです。

➤利水

日本では4～5月のゴールデンウイークにかけて水田に水を入れ、コメをつくります。そのとき多くの水が必要になります。この水を農業用水あるいはかんがい用水といいます。また、私たちの飲料用水として常に水を供給しなければなりません。これら農業用水や飲料用水をダムからもってくるのです。

➤環境

夏季になると降雨が少なく、河川の水が干上がることがあります。河川には魚類や水生昆虫、水生植物など多くの生き物が生息しているため、常に流水(りゅうすい)が必要です。このときに、ダムから河川に水を流します。この水を河川維持用水といいます。

2　ダムの問題点

　ダムを建設することはよいことばかりではありません。ダムが建設されることによって、ダム周辺に生息・生育する水生生物に影響を及ぼします。
　ダムが建設されると、窒素やリンなどの栄養塩類（えいようえんるい）がダム湖に流入し、その結果植物プランクトンが増殖します。ダム湖水が下流に放流されると、富栄養化した水を好む造網型（ぞうもうがた）水生昆虫のヒゲナガカワトビケラ属（図1-1）が優占（ゆうせん）します。ヒゲナガカワトビケラ属のみが増加することは自然生態系にとってよいことではありません。生物多様性という言葉があるように、いろいろな種が生息できる環境が望ましいのです。この内容については私が大学の卒業論文で明らかにしました。詳しい内容は後で述べます。

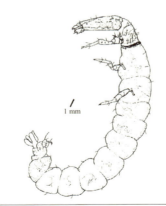

図1-1　造網型水生昆虫のヒゲナガカワトビケラ属

※引用：川合禎次・谷田一三（2005）『日本産水生昆虫　科・属・種への検索』（東海大学出版会）

第1部　ヒゲナガカワトビケラとオオカナダモ

　洪水期（6〜10月）に備えてダム湖の水位を低下させることにより、コイやフナの産卵した場所が干上がったり、透明度が大きくなることで沈水植物が大繁茂したりします。特に、琵琶湖南湖において沈水植物が大増殖し、航行の障害や腐って異臭を発生させていることが問題になっています。南湖ではオオカナダモ（図1-2）が優占しています。オオカナダモは外来種（がいらいしゅ）（人間の活動により外国から日本列島に入り込んだ植物）であることから、オオカナダモが繁茂することは在来種（ざいらいしゅ）（もともと日本列島に生育していた植物）にとって脅威となります。この内容については私が会社に就職して、業務として取り組みました。詳しい内容は後で述べます。

　このようにダムを建設することによって、下流河川に生息・生育するさまざまな動植物に影響を及ぼしているのです。ダム建設反対の動きは昔からあり、環境保全に配慮することが求められています。河川法や土地改良法は1997年と2001年に改正され、環境に配慮した河川整備や圃場整備が行われるようになってきました。一方、ダムに関する法律は目立った改正がないのが現状です。

図1-2　外来種のオオカナダモ
※引用：角野（1989）

3　ヒゲナガカワトビケラとダム

1 | 日本の水生昆虫

(1) 生活史

　日本の水生昆虫にはカゲロウやカワゲラなどがいます。あなたも身近な川に出かけ、石ころをひっくりかえせば、石の表面を動き回る水生昆虫を目にすることができると思います。それらは幼虫のとき水中にいますが、成虫になると羽化して空中に飛び立ちます。そして、成虫は川の上流に移動し、石ころの下に産卵します。孵化した幼虫は川の流れに乗って流下し、自分が気に入ったところで生息します。このような一連の流れを水生昆虫の生活史といいます。

　津田（1962）は水生昆虫を生態学的な考え方から、生活型（生活のしかた）により以下の6つに分類しています。

- **造網型**：分泌絹糸を用いて捕獲網（図1-3）をつくるものです。ヒゲナガカワトビケラ科、シマトビケラ科などのトビケラ目。本書で扱うヒゲナガカワトビケラ属はこの分類に当てはまります。
- **固着型**：強い吸着器官または鉤着器官をもって他物に固着しているものです。あまり目立った移動はしません。アミカ科、ブユ科など。
- **匍匐型**：石面をはうものです。ナガレトビケラ属、ヒラタカゲロウ科、カワゲラ目、ドロムシ科、ヘビトンボ科など。
- **携巣型**：筒巣をもつ多くのトビケラ目幼虫です。これも匍匐的運動をしますが、筒巣をもつ点において上型とは別個に考えた方がよいです。

第1部　ヒゲナガカワトビケラとオオカナダモ

➤遊泳型：移動の際は主として遊泳によるものです。コカゲロウ科、ナベブタムシなど。
➤掘潜型：砂または泥の中に潜っていることが多いものです。モンカゲロウ科、サナエトンボ科、ユスリカ科の一部など。

図1-3　ヒゲナガカワトビケラ属の捕獲網（本調査、大石川）

(2) 造網型トビケラ類

　瀬では、造網型、固着型、匍匐型の種類が多く、携巣型、遊泳型、掘潜型は少ないです。一方、淵では、匍匐型、携巣型、遊泳型、掘潜型が現れ、固着型は少なく、造網型はほとんどいません。
　特に、造網型トビケラ類は石面に固着性巣室をつくり、捕獲網を張ります。そして、水流によって運ばれてくる微小藻類を捕食します。必然的に基盤としての石・礫と、適当な水流を必要とします。だから、瀬の石礫底は造網型トビケラ類の最もよい生息場所なのです。
　瀬のある部分において、造網型トビケラ類が優占したとき、その場所は一応の極相に達したといえます。生物群集の遷移の最終段階で見ら

れる平衡状態のことを極相といいます。出水で川底がひっくりかえされて生物がいなくなった状態、あるいは極めて少ない状態から始まり、造網型トビケラ類が優占する群集になるまでの遷移は図1-4のようになると思われます。

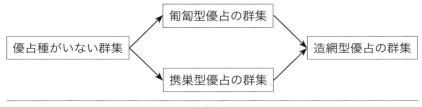

図1-4　生態遷移の過程

　以上のことから、日本の川の水生昆虫の現存量（個体数や湿重量）を論ずるとき、造網型トビケラ類がいかに重要であるかが理解されます。特に、現存量が多い川では、ヒゲナガカワトビケラ属のヒゲナガカワトビケラやチャバネヒゲナガカワトビケラが重要な位置を占めています。

　ところが、ヨーロッパやアメリカにはヒゲナガカワトビケラ科は棲んでいません（シマトビケラ科は棲んでいますが）。この点で、日本の川とヨーロッパやアメリカの川では、水生昆虫の構成に大きな差が生じていると思われます。

　ヒゲナガカワトビケラ科がいない欧米の川とヒゲナガカワトビケラ科がいる日本の川で、同じ程度の環境条件を備えた場所どうしを比べると、日本の川の方が量的にまさるのではないかと思われます。

　造網型トビケラ類のうち、シマトビケラ科は石の面上に網を張ります。一方、ヒゲナガカワトビケラ科は石面上にも張りますが、石と石の間、石と礫の間にも張ります。石と石、石と礫というニッチ（生態的地位）を利用できるのはヒゲナガカワトビケラ科だけなのです。しかも、このニッチは空間的に極めて大きいです。したがって、ある地域内にヒ

ゲナガカワトビケラ科が産するか産しないかということは、このニッチが利用されるか利用されないかということにつながります。そのいずれかによって、全昆虫量に大きな差が生じることになります。欧米の川ではおそらくこのニッチが遊んでいるのではないかと思われます。

あなたも機会があれば、世界中の河川で造網型トビケラ類の分布を調査し、地域ごとに河川の特徴を明らかにしてみてはいかがでしょうか。このような仕事をした人は世界中で誰もいません。誰もしていないことを実行し、新しい事実を発見することで人類は発展してきたのです。

2　ダムが水生昆虫に及ぼす影響

(1) はじめに

私が新潟大学4年生のとき卒業論文に取り組むにあたり、環境問題に関するテーマを扱いたいと思いました。新潟県には信濃川、阿賀野川など大きな河川が流れています。そこで、河川に建設されるダムの問題を研究したいと思いました。

ダム建設は河川生態系にとって大きなダメージを与えます。例えば、川の物質循環が遮断されたり、流量変動が減少したりします。

ダム下流河川の底生動物群集については、種多様性が減少する一方で、ある特定の種の現存量が増加するという報告があります（谷田・竹門　1999）。この変化が生じる要因として、①流量の制御、②流路形状の変化、③水温環境の変化、④濁りの発生、⑤ダム湖で生産されたプランクトンの流下、⑥底生動物の移動障害などが挙げられます。

このように、ダム建設が下流河川の底生動物群集に与える影響については複数の要因が考えられます。私は、これらのなかで⑤ダム湖で生産されたプランクトンの流下に注目して研究に取り組みました。研究対象地は、新潟県関川村にある大石ダムを有する大石川を選びました（図1-5）。

3　ヒゲナガカワトビケラとダム

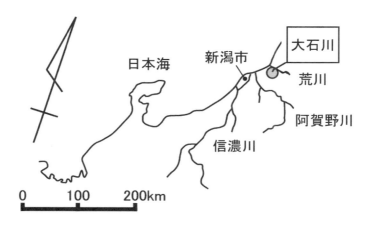

図1-5　大石ダムの全景
※引用：国土交通省北陸地方整備局羽越河川国道事務所ホームページ

第1部　ヒゲナガカワトビケラとオオカナダモ

　調査地を選ぶポイントは、①自宅から近いこと（約2時間以内）、②大河川ではなく、中・小河川であることです。本研究対象の大石川は私の人生初めての研究場所でした。①、②ともに満足していて、無理なく研究を続けることができました。

　ダムの影響を受ける可能性のある下流河川、影響を受けない上流河川における底生動物群集の生息実態から、ダム建設が下流河川の底生動物群集、特に造網型トビケラ類にどのような影響を及ぼしているか、そしてその要因を検討しました（松井　2008）。

⑵ **大石ダムの建設**

　大石ダムは、山形県南部の大朝日岳に源流を発し、新潟県北部を横断して、日本海に注ぐ荒川の支川である大石川にあります。荒川の清流は、流域の自然を育み、人々の生活を潤してきた反面、度々洪水を引き起こし、多くの被害を与えてきました。特に、昭和42（1967）年に発生した羽越水害はかつてない規模の洪水で、流域に壊滅的な被害を与え

図1-6　羽越水害の被害状況
※引用：国土交通省北陸地方整備局羽越河川国道事務所ホームページ

ました。死者・行方不明者90名、国道や鉄道などの交通網の途絶、家屋の流出、田畑への土砂堆積などです（図1-6）。大石ダムは、羽越水害を契機として建設に着手され、昭和53（1978）年8月に完成した荒川流域の人命と財産を洪水から守るための施設です。

大石ダムは、「洪水調節」と「発電」を目的として建設されました。

➤洪水調節

大雨のときに、ダム上流から大石ダム地点に流れ込むと予想される最大水量毎秒900m³のうち、ダムからは最大でも毎秒200m³しか流下させません。これにより、ダムに毎秒700m³の水を貯留し、下流を洪水から守ります（図1-7）。

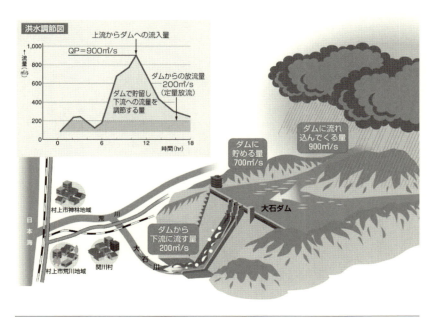

図1-7　大石ダムの洪水調節
※引用：国土交通省北陸地方整備局羽越河川国道事務所ホームページ

第1部　ヒゲナガカワトビケラとオオカナダモ

> ➤ 発電

大石ダム湖の水の一部を利用して、ダムから約1km下流の大石発電所において、荒川水力電気株式会社が最大使用水量毎秒15.00 m³、最大出力10,900 kW の発電を行っています（図1-8）。

図1-8　大石ダムの発電
※引用：国土交通省北陸地方整備局羽越河川国道事務所ホームページ

大石ダムは堤高(ていこう)が87.0m、堤頂標高(ていちょう)が187.0m、堤頂長が243.5m、洪水時最高水位（サーチャージ水位）が標高184.5m、常時満水位が標高184.0m、制限水位が標高155.0m、最低水位が標高154.0m、総貯水容量が2,280万 m³です。洪水調節と発電を目的として、1970年に施工され、

1978年に完成しました。国土交通省北陸地方整備局で最初の多目的ダムです。大石ダムの諸元(しょげん)を表1-1に示します。

表1-1　大石ダムの諸元

総貯水容量(m³)	集水面積(km²)	目的	堤高(m)	湛水面積(ha)	竣工(年)	施設
2,280万	69.8	洪水調節・発電	87.0	110	1978	表層取水

ここで、ダムの用語を解説します。

- 堤高：ダム堤体と基礎岩盤、基礎地盤が接するところから、ダム上部面（天端(てんば)）までの高さです。
- 堤頂標高：堤頂とは、ダムの最上部をいいます。標高とは、海面からの高さ（通常は東京湾平均海面）です。E. L.（Elevation Level の略）と書かれていることがあります。
- 堤頂長：ダム上部での横方向の長さです。ダムを正面から見たときには、その最大の横幅になります。
- サーチャージ水位：洪水時、一時的に貯水池に貯めることができる最高の水位です。
- 常時満水位：非洪水期に、貯水池に貯めることができる最高の水位です。
- 制限水位：洪水期に、洪水期治水容量を確保するために定められている水位です。
- 最低水位：ダムが利用できる水の最も低い水位です。
- 総貯水容量：堆砂(たいさ)容量、治水容量、発電容量を合計した容量です。
- 有効貯水容量：ダムの総貯水容量から堆砂容量を除いた容量です。
- 堆砂容量：ダム完成から100年間にダム貯水池に堆積すると予想される流入土砂を蓄える容量です。

これら総貯水容量、有効貯水容量、堆砂容量の関係を図1-9に示します。

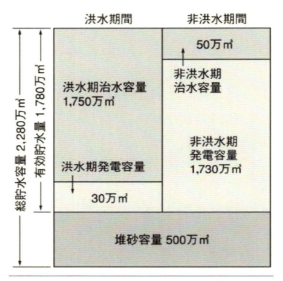

図1-9　大石ダムの貯水池容量の配分
※引用：国土交通省北陸地方整備局羽越河川国道事務所ホームページ

➤ **コンジットゲート**：ダムの堤体内に設置されているゲートで、通常はこのゲートを用いて洪水調節を行います。
➤ **ホロージェットバルブ**：平常の流量のときに用いる放流設備で、比較的少量の水を流せます。
➤ **クレストゲート**：ダムの堤頂部に設置されているゲートで、計画規模を超える洪水時に用いる非常用ゲートです。

これらコンジットゲート、ホロージェットバルブ、クレストゲートの位置を図1-10に示します。

3　ヒゲナガカワトビケラとダム

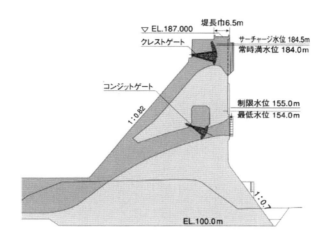

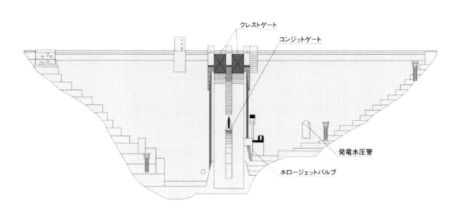

図1-10　大石ダムの放流施設
※引用：国土交通省北陸地方整備局羽越河川国道事務所ホームページ

- **集水面積**：降った雨がダムの貯水池に流入する地域の面積です。
- **湛水面積**：サーチャージ水位まで水が貯まったときの貯水池の面積です。
- **洪水期**：洪水の発生しやすい梅雨期から台風シーズンにかけての期間で、河川ごとに定められています（大石ダムでは、6月16日～9月30日）。
- **非洪水期**：洪水期以外の期間です（大石ダムでは、10月1日～6月15日）。
- **洪水期治水容量**：洪水期に洪水が発生した場合、貯水池に貯められる水の量です。
- **洪水期発電容量**：洪水期において利水、発電のため使用できる水の量です。
- **非洪水期治水容量**：非洪水期に洪水が発生した場合、貯水池に貯められる水の量です。
- **非洪水期発電容量**：非洪水期において利水、発電のため使用できる水の量です。

　大石ダムでは、発電用として発電水圧管（標高145.0m）に常時3.84 m^3/s を流しています。最大で15.00 m^3/s を流すことができます。15.00 m^3/s 以上になる場合はコンジットゲートを用い、さらに非常時にはクレストゲートが利用されます。なお、発電用水は表層取水ゲートによりダム湖の表層水を使用しています。

(3) 大石ダムの水位操作

　洪水期間の6月16日～9月30日は、洪水の発生に備え、治水容量を確保するために水位を低下させます。一方、非洪水期間の10月1日～6月15日は、洪水のおそれが少ないので、水位を上げ、発電の効率を

よくします（図1-11）。

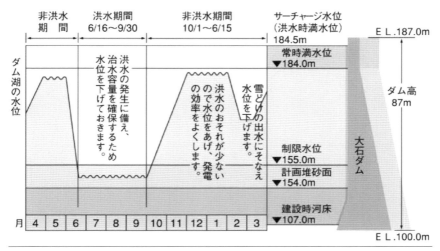

図1-11　大石ダムの水位操作
※引用：国土交通省北陸地方整備局羽越河川国道事務所ホームページ

　このような水位操作によって、ダム下流河川の大石川は本来の河川生態系ではなくなり、さまざまな問題が生じています。

　国土交通省水管理・国土保全局（2002）の「水文水質データベース」により、大石ダムの2003〜2012年の10年間のデータを収集しました。
　その結果、以下のことが明らかになりました。大石ダムの月平均流入量と放流量の季節変化は、5〜6月、2〜3月に放流量が流入量を上回りました（図1-12）。

　大石ダム湖の年平均回転率は14.5回でした。ダム湖回転率とは総流入量／総貯水容量によって計算されます。ダム湖の水が1年間にどのくらいの頻度で入れ替わるかが分かります。月平均回転率は4月に最大値

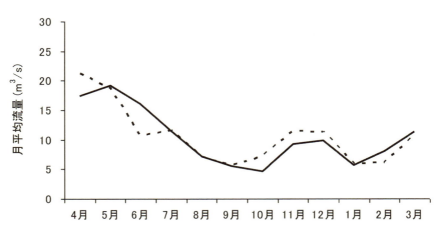

図1-12 大石ダムの月平均流入量と放流量の季節変化（2003〜2012）

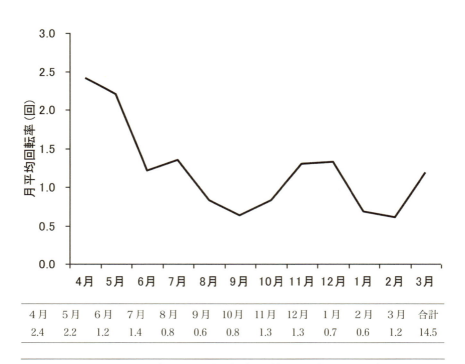

4月	5月	6月	7月	8月	9月	10月	11月	12月	1月	2月	3月	合計
2.4	2.2	1.2	1.4	0.8	0.6	0.8	1.3	1.3	0.7	0.6	1.2	14.5

図1-13 大石ダムの月平均回転率の季節変化（2003〜2012）
ダム湖回転率＝総流入量 / 総貯水容量

2.4回、9月と2月に最小値0.6回を示しました（図1-13）。琵琶湖の年平均回転率は0.19回であることから（国土交通省水管理・国土保全ホームページ「代表的な湖沼の水理・水質特性の実態」）、大石ダム湖の回転率が比較的大きいことが分かります。なお、ダム湖回転率は10回/年以下だと富栄養化を起こしやすいのに対し、20回/年以上だと富栄養化を起こしにくいといわれています（大森・一柳　2011）。

(4) 調査地点

大石川は、日本海に注ぎ込む荒川の一支川であり、荒川本川との合流部から約7.5km上流に発電用の大石ダムがあります（図1-14）。

調査地点は、ダム上流のバックウォーターから約1.7km上流にSt.1（図1-15）、ダムサイトから約1.7km下流の発電用水圧管路からダム湖水が直接流出する地点にSt.2（図1-16）、St.2から約1.7km下流の鮴谷橋付近にSt.3（図1-17）、St.3から約2.1km下流の荒川との合流点に近い蔵田島橋付近にSt.4（図1-18）を設定しました。

各地点の標高、川幅、底質、河川形態を表1-2に示します。

表1-2　調査地点の物理環境

調査地点	標高（m）	川幅（m）	底質	河川形態
St.1	200	10	粗石	Aa
St.2	100	30	砂礫	Bb
St.3	80	40	砂礫	Bb
St.4	60	50	砂礫	Bb

河川生態学からみた河川形態の分類としては、可児（1944）が提案した区分が一般に用いられます。平水時における流路を、水深、流速、河

第1部　ヒゲナガカワトビケラとオオカナダモ

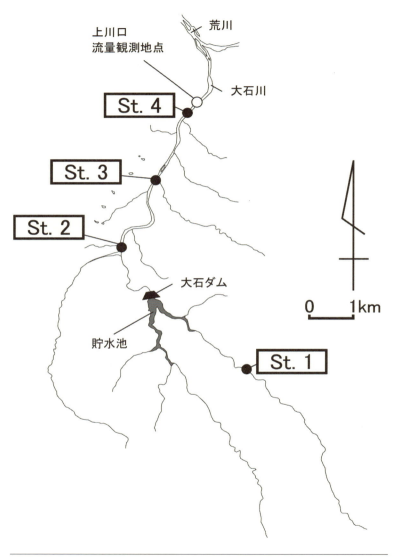

図1-14　調査地点の位置

3　ヒゲナガカワトビケラとダム

図1-15　St.1の全景（1994年7月）
下流から上流を望む。

図1-16　St.2の全景（1994年7月）
下流から上流を望む。

第1部　ヒゲナガカワトビケラとオオカナダモ

図1-17　St.3の全景（1994年7月）
下流から上流を望む。

図1-18　St.4の全景（1994年7月）
下流から上流を望む。

床材料などの状態から瀬と淵に分類し、さらに瀬を平瀬と早瀬に分けます。1蛇行区間に出現する淵、平瀬、早瀬と連なる1組を川の単位とみなします（図1-19）。

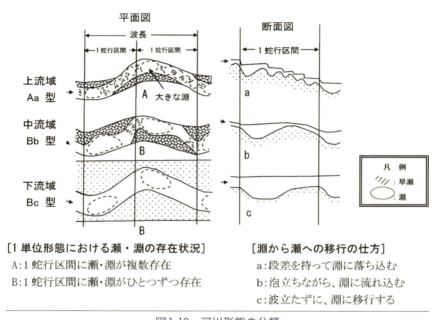

図1-19　河川形態の分類
※引用：国土交通省水管理・国土保全ホームページ「河川形態の解説」

　大石川における調査期間の水文環境の季節変化を図1-20に示します。調査を行った1994年の年間降水量は2,017 mmで、過去25年間の平均値2,592 mmの78％でした（1994年渇水）。大石ダム湖への流入量(b)および大石川の流量(d)はともに、4月上旬は雪解け水、7月上旬は梅雨の影響により増大しました。ダムの上・下流における流量変動パターンは大きな違いがみられませんでした。よって、ダムによる流量制御が下流域の流量に及ぼす影響は、支川の流入などにより緩和されていると考え

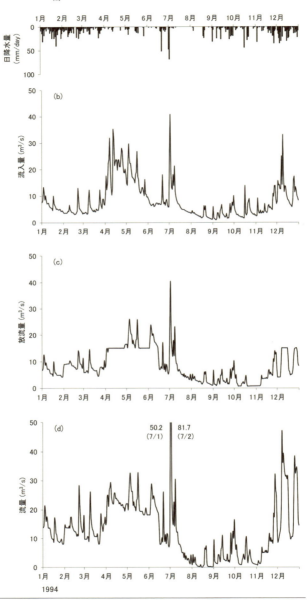

図1-20 大石川における水文環境の季節変化（1994年）
(a)下関における日降水量、(b)大石ダムの流入量、(c)大石ダムの放流量、(d)上川口流量観測所における大石川の流量

られました。

(5) 調査方法

1994年4〜12月の毎月20日前後に、大石川のSt.1〜4で水質、石面付着物および底生動物の調査を行いました。なお、1994年12月は積雪のためSt.1の調査を実施することができませんでした。調査は毎回最上流のSt.1から始め、St.2、St.3、St.4と下流に向かって行いました。St.1の開始時刻はおおよそ9時頃、St.2は11時頃、St.3は13時頃、St.4は15時頃です。

河川の調査には危険が付き物です。特に上流地点は流速が速く、森林地帯であるため人が少ないです。また、日が暮れるのも早いです。よって、体力がある早い時間帯にSt.1から調査を始めるのは理にかなっているといえます。

ところで、現地調査は毎月1回行います。1カ月は約30日ありますが、いつ行うのがよいと思いますか。答えは1年の季節変化を追うわけですから、春分の日（3月20〜21日のいずれか1日）、夏至の日（6月20〜23日のいずれか1日）、秋分の日（9月22〜24日のいずれか1日）、冬至の日（12月21〜23日のいずれか1日）が含まれるのがよいです。これらの日は毎月20日前後に当たることが分かります。つまり、生物の季節変化を捉えるには、毎月20日前後に調査を実施するのが適しているのです。

このように調査を行う上での常識があります。これらは、私が大学4年生で初めて卒業論文に取り組み、今に至るまで約20年間調査をして分かったことです。いつも失敗から学びました。あなたもいろいろ失敗しながら、自分なりの調査スタイルを確立してください。そして、どんどん自然生態系の神秘を解き明かしてほしいと思います。

各地点において、河川水中に関しては水温、水素イオン濃度（以下、

pHといいます)、溶存酸素濃度(以下、DOといいます)、硝酸態窒素濃度(以下、NO₃-Nといいます)、クロロフィルa濃度(以下、Chl.aといいます)および浮遊態有機物濃度、石面付着物中に関してはChl.a量および有機物量を調査しました。

底生動物は、水質および石面付着物を調査した早瀬において、任意に選定した2カ所で50 cm×50 cmのコドラートを設置し、その内側にある沈み石以外の礫、砂利、砂などをできる限り採集しました。

環境庁企画調整局環境影響評価課(1996)は、『環境影響評価制度総合研究会技術専門部会関連資料集』のなかでコドラート法を解説しています。コドラート法は、単位面積当たりの出現種、現存量の環境別・季節別の把握を目的としています。一般に、河床が砂礫地では50 cm×50 cmのコドラート(方形枠)を設置し、サーバーネットやちりとり型金網を使用して枠内の底生動物を定量的に採集します(図1-21)。

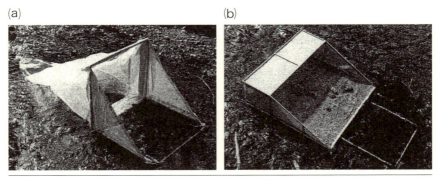

図1-21 コドラート法
(a)サーバーネット、(b)ちりとり型金網
※引用:ダム水源地環境整備センター(1994)

サンプルは実験室に持ち帰った後、実体顕微鏡を用いて川合(1985)に従って、選別、同定しました。まず、毎月のサンプルについて、カゲ

ロウ目、カワゲラ目、トビケラ目、ハエ目、ヘビトンボ目およびその他の底生動物に分類しました。トビケラ目については、造網型のヒゲナガカワトビケラ科、シマトビケラ科およびそれ以外のトビケラ目に分類しました。ヒゲナガカワトビケラ科については、青谷・横山（1987）に従って、ヒゲナガカワトビケラ *Stenopsyche marmorata* およびチャバネヒゲナガカワトビケラ *Stenopsyche sauteri* に分類しました。ただし、両種のⅠ齢幼虫については区別することができなかったので、ヒゲナガカワトビケラ属 *Stenopsyche* spp. として扱いました。ヒゲナガカワトビケラ科とシマトビケラ科のイラストを図1-22に示します。

　ヒゲナガカワトビケラやチャバネヒゲナガカワトビケラは和名といい、その後のラテン語（普通はイタリック体）は学名といいます。和名とは日本名、学名とは世界共通の名称のことです。学名は植物学者リンネが創始した方式（2名法）に従って表記します。

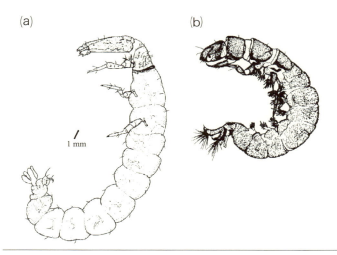

図1-22　造網型トビケラ類の(a)ヒゲナガカワトビケラ科および(b)シマトビケラ科

※引用：川合禎次・谷田一三（2005）『日本産水生昆虫　科・属・種への検索』（東海大学出版会）

第1部　ヒゲナガカワトビケラとオオカナダモ

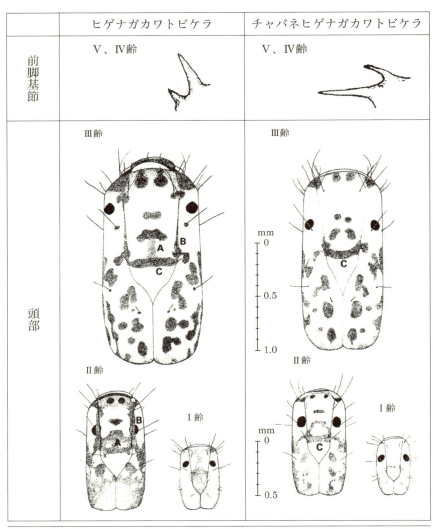

図1-23　ヒゲナガカワトビケラ科の(a)ヒゲナガカワトビケラおよび(b)チャバネヒゲナガカワトビケラ

※引用：青谷・横山（1987）

3 ヒゲナガカワトビケラとダム

　ヒゲナガカワトビケラとチャバネヒゲナガカワトビケラの違いを図1-23に示します。ヒゲナガカワトビケラとチャバネヒゲナガカワトビケラはよく似ていますが、①前脚基節の2つの突起の長短②頭部の黒紋の有無によって区別することができます。両種は幼虫時にⅠ齢からⅤ齢まで成長し、成虫時に羽化します。幼虫時の各段階に応じて見分けるポイントが異なります。特に、頭部の黒紋に関しては、ヒゲナガカワトビケラのみ黒紋が見られます（図1-23のA、B）。頭部後方を横断する黒紋（図1-23のC）に関しては、ヒゲナガカワトビケラがまっすぐであるのに対し、チャバネヒゲナガカワトビケラは後方に弓なりに曲がります。

　ところで、底生動物を分類するときに、目とか科とかが出てきました。これは生物を分類するときの決まりごとです。生物はすべて「界－門－綱－目－科－属－種」に分類されます。例えば、私たち人間は、動物界－脊索動物門－哺乳綱－霊長目－ヒト科－ヒト属－ヒト *Homo sapiens*（ホモ・サピエンス）となります。

(6) 調査結果
1）水質および石面付着物

　各地点における水温の季節変化を図1-24に示します。

　水温は、各月とも上流から下流に向かうに従って大きくなる傾向を示しました。ただし、地点間の水温差は冬季と比較して、夏季は大きかったです。

　各地点におけるpH、DO、NO_3-Nの年平均値およびその標準偏差を表1-3に示します。地点間に水質の大きな差はみられませんでした。ここで、標準偏差とはデータの散らばり具合（ばらつき）を示す指標です。この値が大きいほどばらつきが大きいです。なお、単位は平均値と同じです。

第1部　ヒゲナガカワトビケラとオオカナダモ

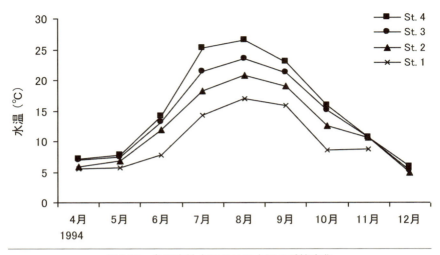

図1-24　各調査地点における水温の季節変化

表1-3　各調査地点における水質

項目	ダム上流	ダム下流		
	St. 1	St. 2	St. 3	St. 4
pH	7.0（0.21）	6.9（0.15）	7.0（0.17）	7.1（0.21）
DO（mg/L）	7.9（0.90）	7.8（1.08）	7.4（1.08）	7.4（1.26）
NO_3-N（μg/L）	219（44.7）	207（60.5）	211（60.7）	240（58.9）

年平均値と標準偏差（括弧内）を示す。

　各地点における河川水中のChl.a濃度および浮遊態有機物濃度の季節変化を図1-25に示します。

　ダム下流地点のSt.2〜4における河川水中のChl.a濃度は、常にダム上流地点のSt.1より大きな値（1.4〜10倍）を示しました。ダム下流地点間で比較すると、St.2の季節変動が大きく、4〜6月はSt.3、4の値がSt.2の値を上回りましたが、7〜9月はSt.2の値がSt.3、4の値を上

3　ヒゲナガカワトビケラとダム

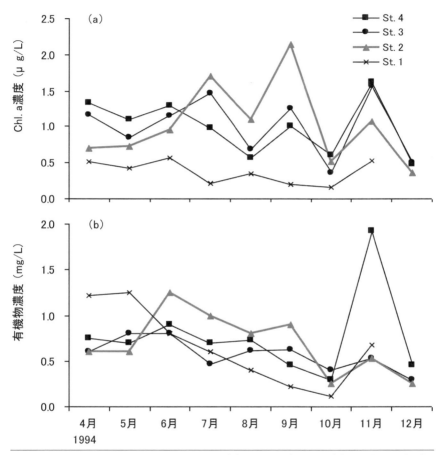

図1-25　各調査地点における河川水中の(a)Chl.a濃度および(b)浮遊態有機物濃度の季節変化
　　　　ダム直下のSt.2をグレーの線で示す。

回りました。

　ダム下流地点の St. 2〜4 における河川水中の浮遊態有機物濃度は、4、5月を除きダム上流地点の St. 1 よりも大きい傾向を示しました。ダム下流地点間で比較すると、Chl. a 濃度と同様に St. 2 の季節変動が大きく、6〜9月に St. 2 で、11月に St. 4 で大きな値を示しました。

　各地点における石面付着物中の Chl. a 量および有機物量の季節変化を図1-26に示します。

　ダム下流地点の St. 2〜4 における石面付着物中の Chl. a 量は、4、5月にはダム上流地点の St. 1 の2.3〜12倍の値を示しましたが、夏季から冬季にかけては上流地点との大きな違いは認められませんでした。ダム下流地点では、いずれも夏季に減少する傾向を示し、St. 2 の減少は特に大きかったです。

　ダム下流地点の St. 2〜4 における石面付着物中の有機物量は、4、5月は Chl. a 量とは逆に、ダム上流地点の St. 1 の36〜72％にすぎなかったですが、夏季から冬季にかけてはおおむね上流地点より大きくなりました。ダム下流地点間で比較すると、St. 4 は4、5月に他の地点より小さな値を示しましたが、6月に急増し、夏季から冬季にかけて他の地点より顕著に大きな値を示しました。

2）水生昆虫の現存量構成の地点間比較

　各地点における底生動物群集の目別現存量（湿重量）の年平均値およびその標準偏差を表1-4に示します。

　ダム下流地点の St. 2〜4 の年平均総現存量（合計）は、ダム上流地点の St. 1 の5〜13倍でした。St. 2〜4 の底生動物群集はトビケラ目が総現存量の74％以上を占めたのに対し、St. 1 ではカゲロウ目が54％、カワゲラ目が28％を占めました。

3 ヒゲナガカワトビケラとダム

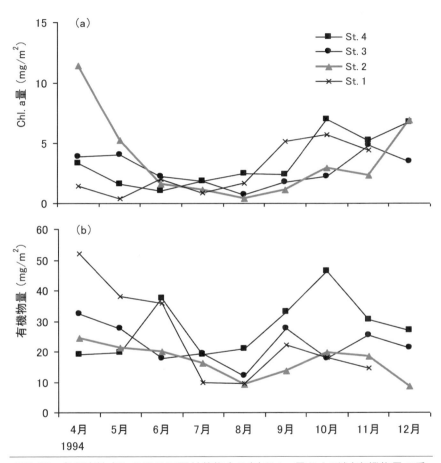

図1-26　各調査地点における石面付着物中の(a)Chl. a 量および(b)有機物量の季節変化

　　　　ダム直下の St.2 をグレーの線で示す。

トビケラ目のみに着目すると、ダム下流地点のSt.2〜4では、造網型のヒゲナガカワトビケラ科が年平均総現存量（合計）の98％以上を占めたのに対し、ダム上流地点のSt.1ではヒゲナガカワトビケラ科とシマトビケラ科を合わせても47％に過ぎませんでした。

表1-4 各調査地点における底生動物群集の現存量（湿重量）（g/m^2）

目名	ダム上流	ダム下流		
	St.1	St.2	St.3	St.4
カゲロウ目	0.56(0.34)	0.21(0.10)	0.57(0.40)	0.47(0.37)
カワゲラ目	0.29(0.53)	0.02(0.05)	0.02(0.05)	0.10(0.08)
トビケラ目	0.07(0.08)	4.07(0.67)	10.16(10.76)	11.65(7.64)
ハエ目	0.10(0.13)	0.24(0.26)	0.32(0.23)	0.26(0.16)
ヘビトンボ目	―	0.89(1.22)	0.08(0.13)	0.56(1.25)
その他	0.00(0.01)	0.08(0.17)	2.56(4.62)	0.22(0.30)
合計	1.03(0.76)	5.51(1.14)	13.71(14.36)	13.26(7.63)

年平均値と標準偏差（括弧内）を示す。

3）造網型トビケラ類の生息密度の地点間比較

各地点における造網型トビケラ類の生息密度の季節変化を図1-27に示します。

ダム下流地点では、(a)ヒゲナガカワトビケラ、(b)チャバネヒゲナガカワトビケラ、(c)ヒゲナガカワトビケラ属I齢幼虫および(d)シマトビケラ科のいずれもが、ダム上流地点より大きく、年平均値ではそれぞれ7〜32倍、14〜42倍、1.9〜3.5倍、1.7〜3.1倍を示しました。

ダム下流地点間で比較すると、St.2、St.3のヒゲナガカワトビケラは、St.4の4〜5倍の年平均生息密度を示しました。一方、St.4のチャバネヒゲナガカワトビケラは、St.2、St.3の1.6〜3倍の年平均生息密度

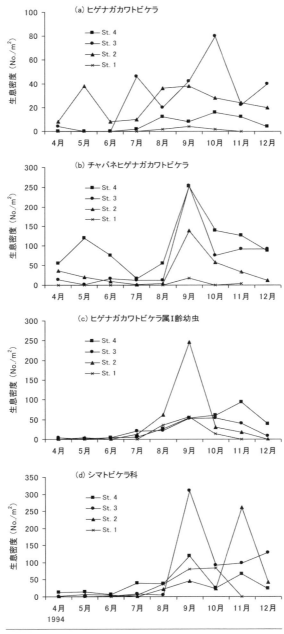

図1-27 各調査地点における造網型トビケラ類の生息密度（No./m²）
(a)ヒゲナガカワトビケラ、(b)チャバネヒゲナガカワトビケラ、(c)ヒゲナガカワトビケラ属Ⅰ齢幼虫、(d)シマトビケラ科

でした。ヒゲナガカワトビケラ属Ⅰ齢幼虫は、8、9月にSt.2において大きな生息密度を示しました。シマトビケラ科の生息密度に関しては、下流地点間で顕著な違いは認められませんでした。

ヒゲナガカワトビケラがSt.2、St.3で多く、チャバネヒゲナガカワトビケラがSt.4で多いのは、お互いが棲み分けている結果かもしれません。生物は長い歴史のなかで好みの生息場所や食べ物を変えることによって、要らない競争を避けてきたのです。ヒゲナガカワトビケラは上流の比較的流速が速いところ、チャバネヒゲナガカワトビケラは下流の比較的流速が遅いところを好むとされています（西村 1981；西村 1982）。

(7) **考察**
1）大石川の水質および石面付着物

大石ダムは、平水時には表層水を放流しているため、ダム下流地点において、夏季に水温上昇が生じることが予想されました。しかし、本調査では、夏季に地点間の水温差が大きくなる傾向を示したものの、ダム放流水口直下のSt.2において、著しく大きな値を示すことはありませんでした（図1-24）。上流から下流に向かうにしたがって、水温が上昇するという自然な水温変化の範囲内でした。その原因として、St.2の河川水はダムからの放流水の他に、支川からの流入水で構成されているため、水温上昇が緩和された可能性が考えられます。

河川水中のChl.a濃度および浮遊態有機物濃度は、春季を除き、いずれもダム下流地点の方が上流地点よりも大きな値を示しました（図1-25）。また、いずれもダム放流水口直下のSt.2において、夏季の増加が確認され、他の地点よりも大きな値を示しました。一方、石面付着物中の有機物量は、ダム下流地点の方が上流地点よりも、夏季から冬季にかけて大きかったものの、St.2における石面付着物中のChl.a量および

有機物量に、夏季の増加は認められませんでした（図1-26）。
　ところで、クロロフィルとは光合成に関与する緑色色素（葉緑素）のことです。特に、クロロフィルaはほとんどの植物に含まれています。水域ではその濃度が植物プランクトンの量を示すこととなるので、さまざまな環境指標として用いられます。植物プランクトンの餌となる無機塩類（窒素やリン）が多ければ、植物プランクトンが増えクロロフィルa濃度が高くなるため、水質汚濁の指標となります。
　以上のことから判断すると、ダム下流地点において河川水中の浮遊態有機物濃度が上流地点より大きかったのは、石面付着物からの剥離・流下を反映していますが、特に夏季にSt.2の河川水中の浮遊態有機物濃度が増加したのは、石面付着物からの剥離・流下による影響ではなく、ダム湖において増殖した植物プランクトンの流下によるものと推測されます。

2）大石川の水生昆虫

　大石ダム下流地点では、造網型のヒゲナガカワトビケラ、チャバネヒゲナガカワトビケラ、シマトビケラ科のいずれもが、上流地点と比較して生息密度が極めて大きくなりました（図1-27）。また、ヒゲナガカワトビケラ属Ⅰ齢幼虫は夏季にSt.2において生息密度が極めて大きかったです。よって、ダム湖から供給される植物プランクトンは、ヒゲナガカワトビケラ属の若齢幼虫にとって重要な餌資源になることが考えられます。ダム下流地点の造網型トビケラ類が上流地点より多いのは、ダムの影響以外にも様々な要因が考えられますが、植物プランクトンの流下によるダム放流水口直下の地点での若齢幼虫に対する正の効果は、下流地点の個体数の増加をもたらす可能性が考えられます。

3）流況変化率と下流河川の底生動物の関係

5〜6月と2〜3月は洪水の発生や雪解け出水に備えて、放流量が流入量を上回りました（図1-12）。しかし、年間を通してみると、流入量と放流量の変化はほぼ等しく、ダム上・下流における流量変動パターンに大きな差はみられませんでした（図1-20）。

その一方で、大きな流入量（例えば毎秒200 m^3 を超える）が発生した場合、大石ダムでは洪水を発生させないためにダム湖に蓄えるので、著しく増加した流量が下流河川を流れることはありません（ダムからは最大でも毎秒200 m^3 しか流下させません）。このことが、下流河川でヒゲナガカワトビケラ属が増加する原因になっている可能性が考えられます。

4）今までに実施された環境改善策

本調査によって、大石ダム下流域の大石川では、夏季にダム湖から植物プランクトンが供給されることで、独自の生態系が形成されていることが示唆されました。造網型トビケラ類が著しく増加することによって他の底生動物が生息できない環境になってしまいます。1つの種類が優占する河川生態系は決してよくありません。

大石ダムでは、ダム直下流から大石発電所までの約1.1 km間は、ダムから放流を実施していない期間（年間約300日）において無水区間となっていて、河川環境上好ましくない状況でした。そこで、平成16（2004）年から河川の環境改善（無水区間の解消）を図るため、流水の正常な機能の維持を目的とした試験放流を行っており（柳ら　2005、小越　2006）、平成28（2016）年の現在まで実施されてきています。

その結果、瀬切れ箇所（無水区間）は解消されました。さらに、魚類に関しては生息や移動、付着藻類に関しては流水性の種の優占出現やクロロフィルa量の増大傾向が確認されたことで、河川環境の改善には一定の効果があったと考えられます。しかし、底生動物に関しては常時流

水がある対照区間と比較すると、種類数・湿重量ともに少ない結果となりました。その要因として、試験放流量の不足、年間を通した試験放流の必要性が考えられます。

このような試みは大変重要なものです。試行錯誤しながら大石川の河川生態系をよくするために順応的管理（アダプティブマネージメント）するのです。しかし、私が明らかにしたように、造網型トビケラ類が優占する異常な大石川の環境を改善するためには、この試験放流では足りません。今後水位操作を改めるなど大胆な改善策を講じることが求められています。

5）今後望まれる環境改善策

9月にダム湖回転率が最小を示す理由は、降雨の減少にともない流入量が減少するからです（図1-13）。よって、9月に放流量を増加させて、ダム湖の富栄養化を解消するというのは難しいと思われます。

香川（1999）もまた、ダム湖水の滞留時間を短くして河川的性質を維持することは難しいと報告しています。しかし一方で、自然に備わった水の動きや物質を利用して、①側方浸透流と選択取水の統合的利用、②分解中の麦わらや落葉落枝が示す藻類増殖防止作用の利用を提案しています。①に関しては、ダム湖に栄養塩類（窒素やリン）が流入する層があるので、その層ではないところの水を選択すれば、植物プランクトンが増殖していない水を下流に放流することができるというものです。

大石ダムに当てはめると、現在の表層取水施設から選択取水施設に変更することが有効と思われます。また、麦わらや落葉落枝を利用する方法は安価で、検討する価値があります。その他にも湖水を曝気（エアレーション）して対流を発生させることにより、ダム湖内の富栄養化を防止する方法があります。これは高価で、維持管理も発生することから最後の手段になるでしょう。

第1部　ヒゲナガカワトビケラとオオカナダモ

　今まではダム湖の富栄養化対策をみてきました。次に、流量変動についてみてみます。ダムの最大の目的の1つが治水ですから、下流河川で例えば毎秒200 m³を超える流水は当然なくなります。また、大石ダムでは支川の流入によりダム上・下流で流量変動パターンに大きな差はみられませんでした。しかし、そのような状況下でもできる限り自然の流量変動を引き起こす努力をしなければなりません。

　大石ダムでは4～5月は雪解け出水のために流入量は著しく増加しました。これらの期間に放流量を増加させて下流河川に流量変動を起こすことは可能です。2月と5月は雪解け出水や洪水の発生に備えてダム湖水位を低下させる時期ですから、まとめると2～6月の間は流入量より放流量を増加させることができると考えられます。

　しかし、実際の流況変化率をみると、4月は流入量は放流量を上回りました（図1-12）。これは、水力発電のために少しでも水位差を確保して発電効率をよくしたいためと思われます。そこで、私は水力発電に影響のない範囲で、4月に現況より大きな流量を放流することを提案します。

　なお、このときの放流の仕方ですが、一定流量を少しずつ流すのではなく、一時的に水を蓄え、大きな流量を流すことが下流河川をリフレッシュする上で有効と思われます。藤村（2011）もまた、雪解け出水を利用して4～6月に自然出水再現放流することを提案しています。ただし、放流の際は下流河川の人々の安全を確保することはいうまでもありません。

　大石ダムは完成してから約40年間が経過します。適切に維持管理することにより、ライフサイクルコストを低減させなければなりません。さらに、今後日本は人口減少社会が到来し、今まで整備してきた社会資本を維持管理することが難しくなってきます。そのような状況下で、ダムが国民から重要な社会資産として受け入れてもらえるかどうかは、単

に治水や利水施設としてだけでなく、貯水池や下流河川の自然環境を保全する施設として機能するかどうかにかかっていると思います。ここで述べた問題は、大石ダムだけに限らず全国のダムで生じています。ダムの管理者には将来世代のために水位操作の改良や水質の改善など出来ることから対策を講じてほしいと思います。

4　オオカナダモとダム

1　日本の沈水植物

(1) 水生植物

　水生植物は湖沼、ため池、河川などの淡水域に生育する植物の総称です。水草ともいいます。水中で発芽し、1年のうち少なくともある期間を水中か一部を水面上に出した状態で過ごします。日本に約100種、世界に約1,000種あるとされています（EICネットホームページ）。生育している状態により、抽水植物、浮葉植物、沈水植物、浮遊植物に分類されます（図1-28）。

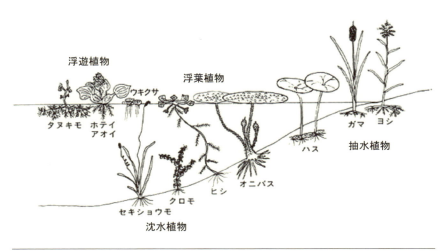

図1-28　日本の水生植物

※引用：碓井（1985）

抽水植物は、根が水底の土中にあって、茎や葉が水面から上に伸びている水生植物のことです。浮葉植物は、根が水底の土中にあって、葉が水面に浮かぶような水生植物のことです。沈水植物は、根が水底の土中にあって、茎や葉が水面下に沈んでいる水生植物のことです。浮遊植物は、根が水中にただよい、植物体が水面に浮かんで生活する水生植物のことです。

　碓井（1985）によると、植物の進化について教科書ではソウ類→コケ類・シダ植物→種子植物の順に、水中生活から陸上生活への適応を説明しています。しかし、水生植物とはいったん陸上生活に適応しながら再び、水中生活にもどっていった種子植物およびシダ植物をいい、陸上で生活した証拠を、水面に花を出すことなどに残している植物の仲間のことです。

　陸上生活で恵まれているのは、光と空気です。しかし、水や温度の変化に関しては水中生活の方が有利です。さらに、体を支える仕組みも陸上ほど要らないのです。水生植物は、茎や葉の構造を巧みに変化させ適応していますし、水を利用して受粉もできる仕組みをつくっています。陸上で著しい進化を続けてきた高等植物にとって、水の中は未開拓の場所であったわけです。そこへ進出していったのが、現在私たちの目の前にいる水生植物といえます。陸上生活から水中生活へ再び適応し、進化していったのは新生代第三紀初期だと考えられています。

(2) 沈水植物

　EICネットホームページによると、沈水植物は気孔をもたず、水中の表皮細胞が直接ガス交換や栄養塩類の吸収を行います。葉の表面に、蠟や脂肪酸を多く含むクチクラ層が発達しないため、空気中では水分を保持できずにほとんど枯死します。水面上で開花し実をつける種が多いですが、水中で開花、受精する種や、植物体の切れはしが生長する種もあ

ります。冬期は越冬芽（越冬用の小さな株）が水底に沈み、翌春に発芽して新しい個体となります。水面に葉を浮かべ水底に根を張る浮葉植物より水深が深い場所に生育することができます。

(3) オオカナダモ

　浮遊植物のホテイアオイや、沈水植物のオオカナダモなどは外来種です。外来種は異常繁殖し、在来種へ悪影響を及ぼすことから、外来生物法により規制や防除が行われています。

　国立研究開発法人国立環境研究所ホームページによると、オオカナダモ（図1-29）の国内移入分布は、本州、四国、九州、八丈島（伊豆諸島）です。草丈は1m余りに達します。繁殖期は5～10月、雌雄異株で、日本には雄株しか入ってきていません。日当たりのよい浅い停滞水域を好みます。低温、アルカリ性に耐え、無機養分の吸収力が大きく、水質汚濁にも強いです。侵入経路としては、観賞用、植物生理学の実験用として導入されたものが野生化したといわれています。1970年代に

図1-29　琵琶湖のオオカナダモ（本調査、水中撮影）

琵琶湖で異常繁殖して話題になりました。クロモなどの在来種（琵琶湖など）との競合、水中で異常に繁殖し、船の走行の邪魔になったり、流れ藻となって岸に打ち寄せ、腐って悪臭を発したりして問題になっています。

2 ダムが沈水植物に及ぼす影響

(1) はじめに

瀬田川は琵琶湖から流出する唯一の河川です（図1-30）。

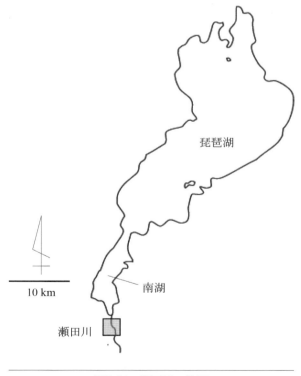

図1-30　瀬田川の位置

瀬田川はもともと狭くて、浅い河川でした。台風や大雨のときは、瀬田川の排水能力が小さいため、琵琶湖の水位は上昇し、頻繁に洪水になりました。そこで、瀬田川の改修が始まり、水底の土砂をさらって排水能力を大きくした結果、琵琶湖の最大水位は劇的に減少しました。

瀬田川にある洗堰(あらいぜき)は1961年に建設され、琵琶湖総合開発事業は1972年から1997年まで行われました。その後、琵琶湖の水生動物および水生植物の生物量が変化してきました。

例えば、琵琶湖では梅雨から台風シーズンである6～10月にかけて低い水位で維持されています。このような水位低下はヨシ群落で生息するコイ科魚類の産卵を抑制し、個体数を減少させていると報告されています（山本　2002）。

その他にも、1995年から琵琶湖の南湖で沈水植物が増加してきています。もともと沈水植物の面積は、1930～1940年は約27 km^2、1953年は約23 km^{2}でした。しかし、1964年に最小値0.6 km^{2}を記録しました。1964～1994年の間は6 km^{2}を超えませんでした。1995年に9 km^2、1997年に16 km^2、2000年に29 km^2、そして2001年に32 km^{2}になりました（芳賀ら　2006）。

沈水植物の繁茂は瀬田川でも問題になっています。私は瀬田川の沈水植物の分布および生育環境を調査し、沈水植物と底質の関係を明らかにしました。また、沈水植物の繁茂を抑制する方法について提案しました（Matsui　2014）。

(2) 琵琶湖総合開発事業

琵琶湖総合保全連絡調整会議（2012）は、『琵琶湖の総合的な保全の推進　健全な琵琶湖の次世代への継承 ─ 琵琶湖と人との共生 ─』を平成24（2012）年2月に発表しています。

それによると、琵琶湖は古くから人々の生活と密接な関係にあり、滋

賀県はもとより京阪神地域の発展、繁栄に大きく寄与してきました。一方で、琵琶湖の周辺地域は度々洪水や渇水に悩まされ、さらに都市化や工業化の進展により自然環境や生活環境の悪化が深刻化してきました。また、高度成長期以降、淀川流域における水需要が急激に増大し、琵琶湖は貴重な水源として一層期待されるようになりました。

このような状況を背景に、さまざまな問題を総合的に解決し、上流・下流が共に栄えていくため、昭和47（1972）年に琵琶湖総合開発特別措置法が策定され、琵琶湖総合開発計画に基づく国家プロジェクトとして琵琶湖総合開発事業が始まりました。この事業は、琵琶湖の自然環境の保全と水質の回復を図りながら、水資源の利用や洪水・渇水被害の軽減、人々が水と親しむ憩いの空間づくりを目的として、平成9（1997）年までの25年間にわたって実施されました。

琵琶湖総合開発事業として実施されてきたさまざまな事業は、琵琶湖流域のみならず琵琶湖・淀川流域全体において社会資本の充実をもたらすとともに、湖岸堤や内水排除施設の設置によって琵琶湖沿岸の浸水被害は大きく軽減されました。さらに、さまざまな水位低下対策などにより渇水時においても被害がほとんど生じなくなっているなど、流域の治水・利水環境を大幅に向上させました。また、環境保全に関する施策は、22事業のうち11事業となっており、生活環境や自然環境についても改善が図られました（図1-31）。

(3) 琵琶湖の水位操作

琵琶湖の水位操作は（図1-32）のように設定されています。非洪水期（10月16日～6月15日）には、常時満水位 B. S. L.（琵琶湖基準水位）+0.30 m を基準として、琵琶湖の水位維持に配慮した水位調節を行います。洪水期（6月16日～10月15日）には、水位をあらかじめ B. S. L. −0.20 m～−0.30 m まで下げておくことにより、梅雨や台風などによる洪

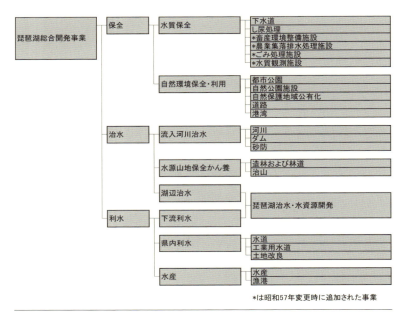

図1-31　琵琶湖総合開発事業の体系

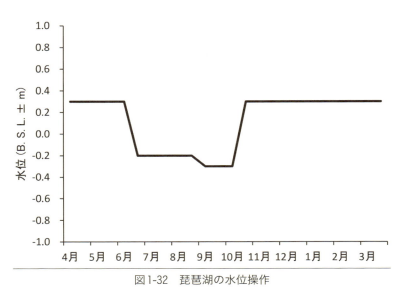

図1-32　琵琶湖の水位操作

B. S. L. とは Biwako Basic Surface Level の略で、琵琶湖基準水位のこと。

水時に琵琶湖の水位上昇を低減するよう水位を調節しています。

　独立行政法人水資源機構琵琶湖開発総合管理所のホームページでは、琵琶湖の計画水位について述べています（図1-33）。

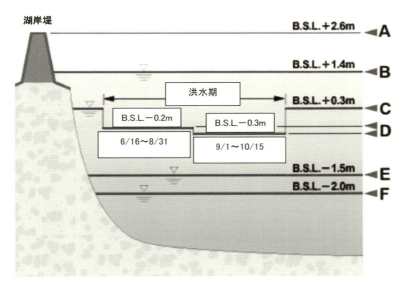

A	湖岸堤天端高	湖岸堤の最高の高さ
B	計画高水位	治水計画を立てる場合の基本水位で、100年に1度起こるような大きな洪水をもとに決定
C	常時満水位	通常貯水できる最高の水位
D	洪水期制限水位	梅雨や台風期に琵琶湖周辺の洪水被害を防ぐため、あらかじめ下げておく水位
E	利用低水位	利水のための最低水位
F	補償対策水位	補償対策を行う水位

図1-33　琵琶湖の計画水位

第1部　ヒゲナガカワトビケラとオオカナダモ

　国土交通省近畿地方整備局琵琶湖河川事務所のホームページでは、『瀬田川洗堰操作規則制定までの道のり』について紹介しています。明治以降の本格的な瀬田川改修により琵琶湖からの放流量が増加し、また、琵琶湖総合開発事業により、洪水期の水位をあらかじめ低下させておくことが可能になり、洪水期でも琵琶湖水位を低く抑えられるようになりました（図1-34）。このことによって、洪水被害は減少しましたが、代わって沈水植物が増加したというのは皮肉なものです。自然の摂理に反して水位操作するとさまざまな問題が生じてくるのです。しかし、自然のままに放っておいては甚大な洪水被害が起こってしまいます。つまり、私たちは文明社会を築いたのですから、それを維持するために水位操作をしていかなければなりません。ただし、私たち人間以外の生物に配慮した視点を忘れてはいけません。

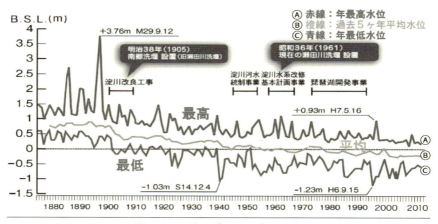

図1-34　明治以降の琵琶湖の水位

(4) 調査地点

　調査は16測線で行いました（図1-35）。内訳はSt.R1〜R6（右岸のみ）、St.L1〜L4（左岸のみ）、St.1〜6（両岸とも）になります。

St. R1〜R6 と St. L1〜L4 は1測線につき1調査地点、St. 1〜6 は1測線につき3調査地点を設定しました。なお、河川の調査で使用される右岸、左岸は流れの進行方向に対しての向きをいいます。

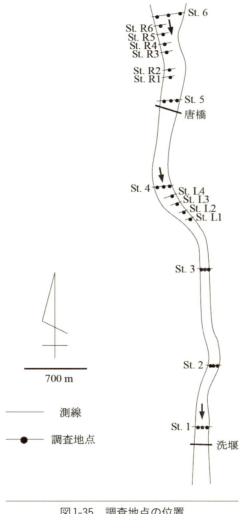

図1-35　調査地点の位置

⑸ 調査方法

各地点で沈水植物と底質を調査しました。調査は2009年1月に行いました。

沈水植物に関しては、ベルトトランセクト法を用いた潜水調査を行い、目視確認しました。沈水植物群落が河床を被う割合、高さ、構成種を記録しました。

環境庁企画調整局環境影響評価課（1996）は、『環境影響評価制度総合研究会技術専門部会関連資料集』のなかでベルトトランセクト法を解説しています。ベルトトランセクト法とは、植物相調査の1方法です。ある群落内またはいくつかの群落を横切って基準線を引き、それに沿った一定の帯状の調査区を調査して、環境要因の変化に対する個体群や群落の変化を解析、あるいは個体群や群落の境界を決定する帯状法です（図1-36）。

図1-36　ベルトトランセクト法を用いた潜水調査（本調査、琵琶湖）

底質調査に関しては、柱状採泥器を用いて調査しました。採集した泥は、現場で酸化還元電位、土色、土臭、粒径（外観による）を記録しました。また、実験室に持ち帰り、硫化物、全窒素、全リン、COD（化学的酸素要求量）、強熱減量、全有機炭素量を計測しました。
　酸化還元電位とは、採集した土について、酸素が多いか少ないかを調べるためのものです。硫化物が多い土は、腐った卵の臭いがします。強熱減量や全有機炭素量が多い土は、動植物などの堆積物が多いことを示します。

(6) 調査結果
1) 沈水植物

　本調査で確認された沈水植物は9種でした（表1-5）。9種のうち、7種は在来種であり、残りの2種（オオカナダモ、コカナダモ）は外来種でした。外来種は在来種に悪影響を及ぼすことから、外来生物法により規制や防除を行っています。
　在来7種のうち2種（ネジレモ、コウガイモ）は「滋賀県版レッドリスト」に登録されています。残りの5種（マツモ、ホザキノフサモ、クロモ、センニンモ、ササバモ）についても、私が住んでいる福井県の「レッドデータブック」に掲載されています（表1-6）。つまり、これら7種はとても貴重な種であるということが分かります。これらの沈水植物のイラストを図1-37に示します。
　福井県（2016）によると、これらの沈水植物が減少した原因として、生育地である池沼の開発、水路改修、水質汚濁などによる生育環境の消失や悪化が挙げられます。一方、池沼が管理されず自然遷移が進行することによる生育条件の変化もあります。特に、クロモに関しては外来種のコカナダモやオオカナダモとの競合により激減しています。

表1-5 本調査で確認された沈水植物

種名 和名	学名	在来種か外来種か？
マツモ	*Ceratophyllum demersum*	在来種
ホザキノフサモ	*Myriophyllum spicatum*	在来種
オオカナダモ	*Egeria densa*	外来種
コカナダモ	*Elodea nuttallii*	外来種
クロモ	*Hydrilla verticillata*	在来種
ネジレモ	*Vallisneria biwaensis*	在来種
コウガイモ	*Vallisneria denseserrulata*	在来種
センニンモ	*Potamogeton maackianus*	在来種
ササバモ	*Potamogeton malaianus*	在来種

表1-6 レッドリスト

種名	滋賀県で大切にすべき野生生物	福井県の絶滅のおそれのある野生動植物
マツモ	―	県域絶滅危惧Ⅱ類
ホザキノフサモ	―	要注目
クロモ	―	県域絶滅危惧Ⅱ類
ネジレモ	分布上重要種	―
コウガイモ	その他重要種	―
センニンモ	―	県域絶滅危惧Ⅱ類
ササバモ	―	県域準絶滅危惧

※引用：滋賀県ホームページ、福井県（2016）

4 オオカナダモとダム

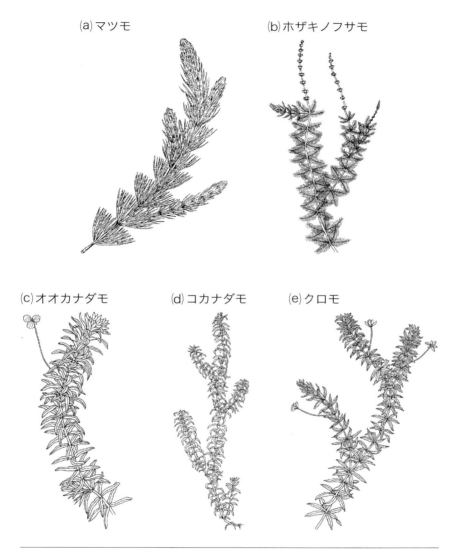

図1-37(1) 本調査で確認された沈水植物
※引用：角野（1989）

第1部　ヒゲナガカワトビケラとオオカナダモ

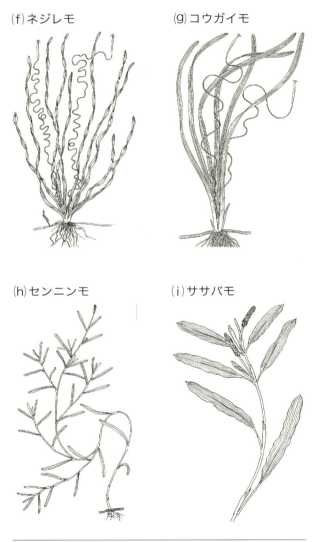

図1-37(2)　本調査で確認された沈水植物
※引用：角野（1989）

2）底質

St.L1、L2、L3、L4で採集した底質の土色は、青色もしくは黄緑色でした。また、それらの底質は、粘性土もしくは細粒土で覆われていました（表1-7）。土の粒子は大きさにより次のように分類がなされています。0.005 mm以下は粘土、0.075 mm以下はシルト、2 mm以下は砂、2 mm以上は礫です。粘性土もしくは細粒土とは、粘土およびシルトのことを指します。

粘性土もしくは細粒土は、酸素が供給されないため、還元状態（酸素が少ない状態）にあり、そこに含まれる鉄は水和酸化第二鉄として溶存します。これらの土を採集して地上部に持ってくると、水和酸化第二鉄は酸素と結合し、金属の臭いがします。

粘性土もしくは細粒土は酸化還元電位がマイナスを示し、硫化物量が大きかったです。以上のことから、St.L1、L2、L3、L4のような粘性土もしくは細粒土で覆われている地点は酸素不足の環境にあるといえます。

特に、St.L2、St.L3、St.R3、St.4の硫化物、全窒素、全リン、COD、強熱減量および全有機炭素量は他の地点と比較して大きかったです（表1-8）。これらの地点は流速が遅く、粘性土もしくは細粒土で覆われていました。さらに、有機物も堆積したと考えられます。

表1-7　各調査地点における水深、底質および優占種

測線	測点	水深(m)	底質	優占種
St. 1	左	5.40	粘性土まじり砂礫	コウガイモ
	中央	5.50	砂礫	なし
	右	6.30	粘性土まじり砂礫	**オオカナダモ**
St. 2	左	4.20	砂礫	センニンモ
	中央	7.30	粘性土まじり砂礫	なし
	右	4.60	砂礫	なし
St. 3	左	4.40	砂礫	ササバモ
	中央	7.00	砂礫	なし
	右	6.30	砂礫	センニンモ
St. 4	左	1.55	シルトまじり砂	センニンモ
	中央	6.40	砂礫	なし
	右	2.50	砂礫	センニンモ
St. 5	左	3.40	砂礫	**オオカナダモ**
	中央	2.90	砂礫	クロモ
	右	2.70	粘性土まじり砂礫	コウガイモ
St. 6	左	2.50	砂礫	ササバモ
	中央	6.50	砂礫	**オオカナダモ**
	右	1.10	砂礫	センニンモ
St. L1	左	2.80	**細粒土**	**オオカナダモ**
St. L2	左	2.10	**砂まじりシルト**	**オオカナダモ**
St. L3	左	1.90	シルトまじり砂	**オオカナダモ**
St. L4	左	2.65	砂	センニンモ
St. R1	右	2.70	シルトまじり砂	**オオカナダモ**
St. R2	右	2.85	**砂まじりシルト**	センニンモ
St. R3	右	2.60	**細粒土**	**オオカナダモ**
St. R4	右	3.35	シルトまじり砂	**オオカナダモ**
St. R5	右	2.25	礫まじり砂	**オオカナダモ**
St. R6	右	3.40	**細粒土**	クロモ

底質に関して、粘性土もしくは細粒土を**太字**で示す。
優占種に関して、オオカナダモを**太字**で示す。

表1-8 各調査地点における土壌成分

測線	測点	硫化物 (mg/g)	全窒素 (mg/g)	全リン (mg/g)	COD (mg/g)	強熱減量 (％)	全有機炭素量 (mg/g)
St.1	左	0.03	0.42	0.31	6.1	2.1	3.6
	中央	0.02	0.10	0.09	0.8	0.5	2.1
	右	0.02	0.09	0.11	0.7	0.7	2.0
St.2	左	0.02	0.16	0.07	1.4	1.2	2.0
	中央	0.02	0.36	0.13	2.6	1.4	3.6
	右	0.02	0.20	0.11	1.2	1.1	2.2
St.3	左	0.02	0.11	0.04	0.7	0.7	1.8
	中央	0.02	0.09	0.03	0.5	0.8	1.7
	右	0.02	0.12	0.08	0.9	0.8	1.9
St.4	左	**0.06**	**1.10**	**0.91**	**12.0**	**6.0**	**18.0**
	中央	0.02	0.10	0.16	1.0	0.7	2.4
	右	0.02	0.12	0.24	2.8	1.2	3.2
St.5	左	0.02	0.15	0.63	1.6	1.3	2.8
	中央	0.02	0.24	0.16	2.5	1.2	4.0
	右	0.02	0.77	0.21	8.1	2.4	7.9
St.6	左	0.02	0.14	0.38	2.8	1.0	4.6
	中央	0.02	0.08	0.44	1.1	1.1	2.8
	右	0.02	0.85	0.52	10.0	3.5	15.0
St.L1	左	0.02	0.92	1.00	8.0	3.1	10.0
St.L2	左	**0.17**	**3.90**	**1.70**	**15.0**	**11.2**	**36.0**
St.L3	左	**0.39**	**1.60**	**1.00**	**15.0**	**8.5**	**29.0**
St.L4	左	0.04	0.86	0.74	8.8	3.9	12.0
St.R1	右	0.02	0.09	0.12	3.7	1.3	3.9
St.R2	右	0.06	0.94	0.23	10.0	4.3	16.0
St.R3	右	**0.11**	**1.30**	**1.00**	**17.0**	**8.4**	**37.0**
St.R4	右	0.12	0.47	0.45	7.3	2.4	7.7
St.R5	右	0.02	0.28	0.70	8.3	3.3	9.9
St.R6	右	0.02	0.59	0.51	5.4	2.2	13.0

各項目に関して、大きな値を示したものを**太字**で示す。

(7) 考察
1) 沈水植物と底質の関係

　底質が粘性土もしくは細粒土は13地点、砂礫は15地点でした（表1-9）。底質が砂礫である15地点は左岸、流心および右岸で各々5地点確認されました。一方、底質が粘性土もしくは細粒土である13地点は流心ではほとんど確認されませんでした。この原因として、流心の流速は速いので、粘性土もしくは細粒土は流されたと推定されます。

　底質が粘性土もしくは細粒土である地点の優占種はオオカナダモでした。それらの地点は、全体の64.2%が沈水植物で被われていました。一方、底質が砂礫である地点の優占種はセンニンモでした。全体の39.2%が沈水植物で被われていました（表1-9）。

　オオカナダモは底質が砂礫の地点でも確認されたのに対し、センニンモは底質が粘性土もしくは細粒土の地点では確認されませんでした。底質が粘性土もしくは細粒土の地点は酸素不足の環境にあります。オオカナダモは繁殖能力が大きいので、酸素不足の環境でも生育できるのに対し、センニンモは酸素不足の環境では生育できないと考えられます。

表1-9　沈水植物と底質の関係

底質	採集地点		植被率	優占種
粘性土もしくは細粒土	13	左岸5 流心1 右岸7	64.2%	オオカナダモ
砂礫	15	左岸5 流心5 右岸5	39.2%	センニンモ

2) 沈水植物の分布要因

　今本ら（2006）は、琵琶湖に生育する沈水植物の1997年から2003年

までの 6 年間の変化を調べています。それによると、2002年は1997年に比べて、群落面積が北湖で15%、南湖で73%、琵琶湖全体で36%増加したことを報告しています。

芳賀ら（2006）によると、2002年の琵琶湖南湖ではセンニンモが優占し、クロモ、マツモ、オオカナダモ、ホザキノフサモもまた豊富にあったことを報告しています。これらの種は、私が瀬田川で調査したときに確認した種と一致することから、琵琶湖南湖と瀬田川では同様の現象が生じていることが分かります。

オオカナダモの現存量は、底質の平均粒径が小さいほど多いという関係があります（芳賀ら 2006）。また、オオカナダモは競争力がある侵略者であると報告されています（Yarrowら 2009）。以上のことから、オオカナダモは在来種が生育できない不利な環境条件の下でも生育できると考えられます。

一方、センニンモの現存量は、平均透明度/水深比と相関関係を示しました（芳賀ら 2006）。湖底の相対的な光の強さがセンニンモの現存量を規定する可能性が考えられます。本調査では、センニンモは底質が砂礫の地点で優占したことから、センニンモの分布を決定する要因は、光条件と底質条件の両方と推定されます。

3）水位低下が沈水植物に及ぼす影響

琵琶湖全体の平均水深は約40 m ですが、特に南湖の平均水深は約 4 m です。南湖の水位は浅いため、前述した水位操作によって、太陽光が湖底に届き、沈水植物の生長が促進されます。その結果、夏季に大繁茂してしまうのです。この水位操作は1992年から始まり、同時期から沈水植物の増加が始まりました。

沈水植物の繁茂を抑制するために、この人為的な水位操作を変えなければなりません。例えば、水位低下させるのを 6 月16日から 7 月16日

に延期することは、初夏に沈水植物が繁茂するのを抑制するだけでなく、魚類の産卵場所を保全することにもなります。沈水植物の現存量が適度になると、瀬田川の流速は大きくなります。沈水植物が生育する底質は増大した流速によってリフレッシュされ、現存量は適切に維持されると期待されます。このように、今後はより自然環境にやさしい琵琶湖の水位操作のあり方が求められているのです。

4) 近年の琵琶湖水位

近年の琵琶湖水位に関して、経年的な低下傾向が指摘されています（今本ら　2006）。先の琵琶湖水位のコントロール計画があるものの、台風による降雨量が少ない年は、夏季以降の水位が基準値を大きく下回ることが少なくありません（図1-38）。夏季だけでなく、1年を通して水位が低いことが沈水植物の増加に拍車をかけている可能性が考えられま

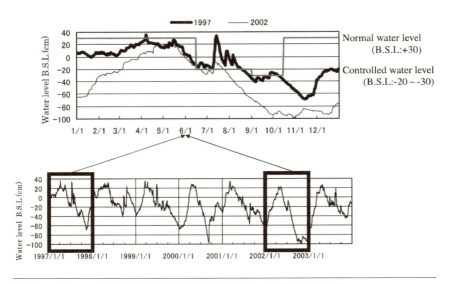

図1-38　1997年から2003年までの琵琶湖の水位

※引用：今本ら（2006）

す。つまり、水位を上昇させるときはしっかり上昇させなければならないということです。

5）琵琶湖南湖における沈水植物の除去

　滋賀県は、『琵琶湖の水草対策について』を平成25（2013）年に発表しています。それによると、琵琶湖南湖の水草は、平成6（1994）年の大渇水をきっかけに急激に増え始め、最近では夏になると湖底の約9割を水草が被う異常な状態になっています。

　適度な水草繁茂は、魚類などの産卵や発育、成育の場となり、水草が湖水の浄化に寄与するなど、重要な役割を担っています。しかし、現在の南湖における水草の大量繁茂は、湖流の停滞による水質悪化や底層の貧酸素化、湖底のヘドロ化など、従来の自然環境や生態系に大きな影響を与えています。さらに、漁業や船舶航行の障害、腐敗にともなう臭気の発生など生活環境にもさまざまな支障をきたし、深刻な状態が続いています。

　その対策として、水草の除去が行われています。方法は2つあります。1つは根こそぎ除去、もう1つは表層刈り取りです。

　水草の根こそぎ除去は、漁船と貝曳き漁具（鋤簾）により、停滞している湖流を回復させるため南北方向に数百メートル幅で実施します。1回当たりの作業は、400ｍ×500ｍの範囲にブイを設置し、40隻の漁船が上流から下流に向かって、大量に繁茂している水草の除去を行います（図1-39）。

　根こそぎ除去に加え、機動性に優れた水草刈取専用船による表層部（水深1.5ｍ）の刈り取りを行います（図1-40）。機械刈り取りが困難な水深が浅いところでは、緊急雇用創出特別推進事業による人力刈り取りも行います（図1-41）。

第1部　ヒゲナガカワトビケラとオオカナダモ

図1-39　水草の根こそぎ除去の様子

図1-40　水草の表層刈り取り（機械刈り取り）の様子

4　オオカナダモとダム

図1-41　水草の表層刈り取り（人力刈り取り）の様子

　その結果、水草の根こそぎ除去を複数年実施した水域では、新たな水草の繁茂が抑制されています。また、貧酸素区域が減少し、これまで確認できなかったシジミ（特に稚貝）が復活しており、湖底環境が改善されてきました（図1-42）。

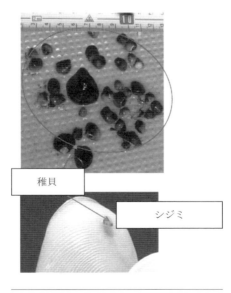

図1-42　シジミの稚貝

しかし、これらの水草除去は緊急対策であり、根本的な対策を実施しなければなりません。例えば、水位低下させるのを6月16日から7月16日に延期することが、初夏に沈水植物が繁茂するのを抑制するだけでなく、魚類の産卵場所を保全することにもつながると思われます。独立行政法人水資源機構琵琶湖開発総合管理所にはこれらの事実を知っていただき、水位操作を改めてほしいと思います。なお、現在は自然環境にやさしい琵琶湖の水位操作が実施されてきています。

5　水生生物に配慮したダム水位操作

　自然湖である琵琶湖と人工湖である大石ダムの水位操作が動植物に及ぼす影響を表1-10にまとめます。なお、大石ダムのグリーンベルトとは、6月中旬から9月末までの水位低下によって、水がなくなったダム湖の両岸に植物が生える現象です。通常は地面の土がむき出しになり茶色に見えるのですが、大石ダムでは緑色に見えます。

表1-10　琵琶湖と大石ダムの水位操作が動植物に及ぼす影響

	植物	動物
琵琶湖	沈水植物の増加（本報告）	コイ科魚類の減少
大石ダム	グリーンベルトの形成	造網型トビケラ類の増加（本報告）

　これらの影響を最小限にするための水位操作として、①琵琶湖では水位低下時期を6月16日から7月16日に延期すること、②大石ダムでは4月に放流量を増加させ自然出水再現放流することを提案しました。

　では、①の水位低下時期を遅らせることは人工湖の大石ダムでも可能でしょうか。大石ダムでは6月16日から9月30日まで洪水の発生に備え水位を低下させます。これを7月16日に延期することができるかどうかを大石ダム管理支所長に問い合わせたところ、以下のような回答をいただきました。

　『減水時期の延期については、大石ダム単独で決められるものではなく荒川全体の出水対策に影響するものであり、また6月下旬に大規模な出水も発生しているため、なかなか厳しい』とのことでした。

　それならば、一気に水位を低下させるのではなく、6月16日から6

月30日は今までの半分、そして7月1日から7月16日にまた半分といった具合に段階を踏むというのは現実的な対応といえるのではないでしょうか。そうすることで、動植物にかかる負担が軽減されると予測されます。

　魚類に関していうと、春季から夏季にかけて産卵するコイ科魚類（コイ・フナ類）は急激な水位低下によって産卵場所が失われたり、せっかく産卵しても卵が干上がったりしてしまいます。秋季に産卵するサケ科魚類（ヤマメ・イワナ類）も急激な水位低下および上昇によって本来の産卵時期とは異なる時期に支川に遡上してしまうかもしれません。その危険性を回避しなければなりません。

　②の4月に放流量を増加させることについて、大石ダム管理支所長は『4月に放流量を増加させることについては、融雪による出水が多ければ必然的に放流量が多くなるため実施可能（積雪の状況に影響されるが）』とのことでした。では、②は自然湖の琵琶湖でも可能でしょうか。琵琶湖ではないですが、同様の自然湖である霞ヶ浦では抽水植物の減少が報告されています（西廣　2011）。この原因として、春季に水位低下しないことが指摘されています。よって、春季に放流して水位を低下させることは自然湖でも必要とされていると思われます。また、琵琶湖や霞ヶ浦周辺には水田地帯が広がっていることから、春先の放流は農業用水（代かきのため）としても活かすことができます。

　以上のことから、琵琶湖（自然湖）や大石ダム（人工湖）の事例を踏まえ、図1-43に示す水位操作を提案します。この水位操作の目的を表1-11に示します。水位を上昇させるときより低下させるときの方が動植物に与える影響が大きいと考えられたので、一気に行うのではなく2段階で行うように計画しました。

　なお、水位操作するということは、自然生態系に手を加えることなので必ず何らかの影響が生じます。最初から完璧なものはありません。試

行錯誤しながら最適解を見つけ出さなければなりません。これこそが順応的管理です。私たち人間の社会生活はもちろんのこと、周りの動植物にも配慮した水位操作を是非実現させましょう。

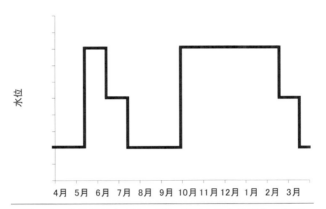

図1-43　自然湖および人工湖に共通する水位操作の提案

表1-11　自然湖および人工湖に共通する水位操作の目的

期間	区分	目的
3/16～5/15	非洪水期	■ 自然出水再現放流を行うため水位を下げます。 ■ 農業用水を供給するため水位を下げます。 ■ 抽水植物の生息場所を保全するため水位を下げます。
5/16～6/15		■ 湖岸や水田で産卵するコイ科魚類、ドジョウ、ナマズの遡上・産卵を促すため水位を上げます。
6/16～7/15	洪水期	■ 梅雨期の出水に備えて水位を下げます（6/16～30に半分、7/1～15にまた半分）。 ■ 沈水植物の繁茂を抑制するため水位低下時期を遅らせます。
7/16～9/30		■ 台風期の出水に備えて水位を下げます。
10/1～2/15	非洪水期	■ 洪水の恐れが少ないので水位を上げ、発電の効率をよくしたり、沈水植物の繁茂を抑制したり、農業用水を確保したりします。
2/16～3/15		■ 雪解け期の出水に備えて水位を下げます（2/16～28に半分、3/1～15にまた半分）。

6　今後の課題

　未来を生きるあなたが便利な社会生活を営むためには、今ある社会資本（今回はダム）と自然生態系（今回はダム下流河川生態系）の両方を守っていかなければなりません。そのために、あなたがすぐにでもできることは、自ら見て、考えて、疑問点を解決していくことです。そうすることで、ダムとダム下流河川生態系の両立が可能になり、その結果、ダムが社会的資産として国民に受け入れられるのだと思います。

　今後の課題として、自然湖やダム湖で水位を低下させることにより、そこに生息する魚類の行動にどのような影響があるかを調べるのは有意義なことです。

　これからのダムは選択取水施設の設置が一般的になります。しかし、どの水深から取水することが、ダム下流の水生生物の生態や営農を考慮すると望ましいかについては明らかになっていません。さらに、その取水深がダムの規模に応じて変化するのかどうかについても調査しなければなりません。

　また、ヒゲナガカワトビケラとチャバネヒゲナガカワトビケラが好む餌が違うかどうかを調べるのは興味深いことです。本調査結果では、ヒゲナガカワトビケラがダム直下（上流域）で、チャバネヒゲナガカワトビケラが下流域で多く確認されました。ダム直下では植物プランクトンの流下が多いのに対し、下流域では石面付着物からの剥離が多かったことから、ヒゲナガカワトビケラは植物プランクトン（浮遊藻類）を、チャバネヒゲナガカワトビケラは付着藻類を餌として食い分けているのかもしれません。

　このように、あなたの身の回りには解決しなければならない課題が溢

れています。今は学校の勉強で精一杯かもしれませんが、そこで学んだ知識は今後こういった課題を克服するための材料を提供してくれます。そう考えると、学校の勉強も苦にならないでしょう。

引用文献

青谷晃吉・横山宣雄（1987）「東北地方におけるヒゲナガカワトビケラ属 2 種の生活環について」『陸水学雑誌』48：41-53

琵琶湖総合保全連絡調整会議（2012）「琵琶湖の総合的な保全の推進 健全な琵琶湖の次世代への継承 ― 琵琶湖と人との共生 ―」http://www.mlit.go.jp/common/001041796.pdf

ダム水源地環境整備センター（1994）『水辺の環境調査』技報堂出版 東京

EICネットホームページ「環境用語集」 http://www.eic.or.jp/ecoterm/

藤村正純（2011）「真名川ダムにおける弾力的管理の試行と真名川自然再生」『河川』67：41-46

福井県（2016）『改訂版 福井県の絶滅のおそれのある野生動植物』福井県 福井

芳賀裕樹・大塚泰介・松田征也・芦谷美奈子（2006）「2002年夏の琵琶湖南湖における沈水植物の現存量と種組成の場所による違い」『陸水学雑誌』67：69-79

今本博臣・及川拓治・大村朋広・尾田昌紀・鷲谷いづみ（2006）「琵琶湖に生育する沈水植物の1997年から2003年まで6年間の変化」『応用生態工学』8：121-132

角野康郎（1989）『滋賀の水草・図解ハンドブック』（滋賀の理科教材研究委員会編）新学社 京都

香川尚徳（1999）「河川連続体で不連続の原因となるダム貯水による水質変化」『応用生態工学』2：141-151

可児藤吉（1944）「渓流棲昆虫の生態」『日本生物誌 昆虫 上巻』（古川晴男編）171-317 研究社 東京

環境庁企画調整局環境影響評価課（1996）『環境影響評価制度総合研究会技術専門部会関連資料集』環境庁 東京

川合禎次（1985）『日本産水生昆虫検索図説』東海大学出版会 東京

川合禎次・谷田一三（2005）『日本産水生昆虫 科・属・種への検索』東海

大学出版会　神奈川

小越範夫（2006）「ダム下流河川の無水区間解消のための放流方式の改善 ― 大石ダム ―」『リザバー』11：7-8

国土交通省北陸地方整備局羽越河川国道事務所ホームページ「大石ダムパンフレット」http://www.hrr.mlit.go.jp/uetsu/contents/dam/ooishi/pamphlet.pdf#12488;.pdf

国土交通省近畿地方整備局琵琶湖河川事務所ホームページ　http://www.kkr.mlit.go.jp/biwako/index.php

国土交通省水管理・国土保全局（2002）「水文水質データベース」http://www1.river.go.jp/

国土交通省水管理・国土保全ホームページ「代表的な湖沼の水理・水質特性の実態」　http://www.mlit.go.jp/river/shishin_guideline/kankyo/kankyou/kosyo/tec/pdf/6.1.pdf

国土交通省水管理・国土保全ホームページ「河川形態の解説」　http://www.mlit.go.jp/river/shishin_guideline/kankyo/gairai/pdf/jirei15.pdf

国立研究開発法人国立環境研究所ホームページ「侵入生物データベースオオカナダモ」　https://www.nies.go.jp/biodiversity/invasive/DB/detail/80670.html

松井明（2008）「大石ダムが下流河川の底生動物群集（特に造網型トビケラ類）に及ぼす影響」『応用生態工学』11：175-182

Matsui Akira, (2014), "Relationship between distribution and bottom sediment of submerged macrophytes in the Seta River, Shiga Prefecture, Japan," *Landscape and Ecological Engineering* 10: 109–113

Matsui Akira, (2016), *Effects of dam on downstream aquatic community in Japan*, LAP LAMBERT Academic Publishing, Saarbrücken

西廣淳（2011）「湖の水位操作が湖岸の植物の更新に及ぼす影響」『保全生態学研究』16：139-148

西村登（1981）「円山川中流域におけるヒゲナガカワトビケラ科2種の分布」『日本海域研究所報告』13：67-78

西村登（1982）「円山川におけるヒゲナガカワトビケラ属2種の分布 ― とく

に共存状況と生息場所について ―」『日本海域研究所報告』14：53-69
大森浩二・一柳英隆（2011）『ダムと環境の科学Ⅱ　ダム湖生態系と流域環境保全』京都大学学術出版会　京都
滋賀県ホームページ「滋賀県で大切にすべき野生生物 ― 滋賀県版レッドリスト ―」http://www.pref.shiga.lg.jp/d/shizenkankyo/rdb/
滋賀県（2013）「琵琶湖の水草対策について」https://www.pref.shiga.lg.jp/d/biwako/files/h25mizukusataisakujigyou.pdf
独立行政法人水資源機構琵琶湖開発総合管理所ホームページ「琵琶湖水位のコントロール」　http://www.water.go.jp/kansai/biwako/html/works/works_03.html
谷田一三・竹門康弘（1999）「ダムが河川の底生動物へ与える影響」『応用生態工学』2：153-164
津田松苗（1962）『水生昆虫学』北隆館　東京
碓井信久（1985）『神戸の自然シリーズ14　神戸の水生植物』神戸市立教育研究所　兵庫（http://www2.kobe-c.ed.jp/shizen/wtplant/wtplant/14006.html）
山本敏哉（2002）「水位調整がコイ科魚類に及ぼす影響」『遺伝』56：42-46
柳正市・小越範夫・松崎竹史・明野光運（2005）「大石ダム下流河川における無水区間環境改善検討（中間報告）」http://www.hrr.mlit.go.jp/library/happyoukai/h17/pdf/c/c_03.pdf
Yarrow Matthew, Victor Marin H., Finlayson Max, Tironi Antonio, Luisa Delgado E., Fischer Fernanda, (2009), "The ecology of Egeria densa Planchon (Liliopsida: Alismatales): A wetland ecosystem engineer?" *Revista Chilena de Historia Natural* 82: 299–313

　　　　　　　　　　　（引用文献はアルファベット順に並べました）

第 2 部
オイカワとシオカラトンボ
― 圃場整備が水生動物に及ぼす影響 ―

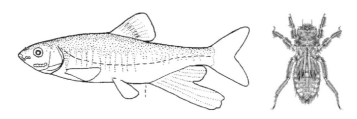

1　圃場整備の役割

　あなたは圃場整備を知っていますか。知らない人がほとんどだと思います。では、水田（田んぼ）を知っていますか。これはほとんどの人が知っていると思います。みなさんの家の近くにある水田のほとんどが圃場整備済みです。つまり、四角く、周りにあぜをつくり、水路で水を出し入れする水田にすることを圃場整備といいます。

　圃場整備により用水と排水を分離し用排水路を整備したり、水田を乾田化したりすることによって、農業の生産性は格段に向上しました。

➢水田

　コメをつくるところです。周りはあぜで囲まれています（図2-1）。断面は上から順に作土層、硬盤、心土層からなります（図2-2）。作土層は10〜15cmの深さで、それほど厚くありません。この層が栄養分を蓄え、イネに供給します。イネにとって一番重要な層です。その下には、硬盤とよばれる硬い層があります。この層が水の浸透を抑制したり、機械の沈下を防いだりしています。機械の走行によって自然にできますが、転圧によって人工的につくられることもあります。その下には、心土層とよばれる自然の土層があります（田渕　1999）。

➢用水路

　水田に水を供給するための水路です（図2-3）。主に河川から取水されます。河川水は、幹線用水路、支線用水路、そして小用水路を経て水田に入ります。用水はコメをつくるのに必要不可欠なものです。漏水を防いで、なるべく効率よく送・配水したいので、コンクリート3面張り

第2部　オイカワとシオカラトンボ

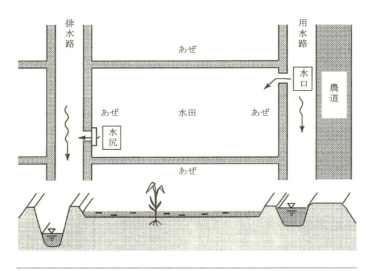

図2-1　水田の構成要素
※引用：田渕（1999）

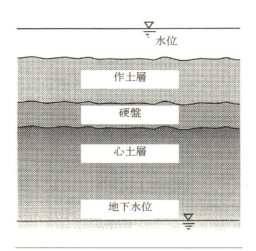

図2-2　水田の土層断面
※引用：田渕（1999）

の水路を流れるのが一般的です。さらに最近は、パイプライン化され、地下に埋めた管を通って、蛇口を開けると用水が供給されるという便利なものへと近代化されています。以上のことから、水生動物にとっては生息しにくい環境にあるといえます。

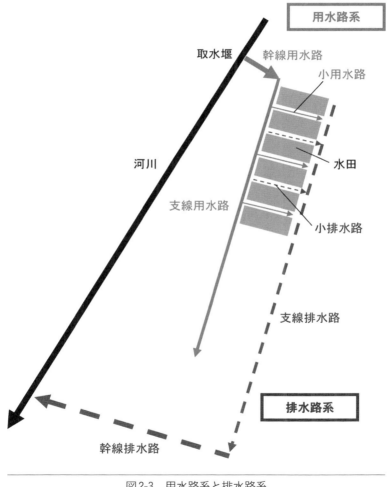

図2-3　用水路系と排水路系

➤排水路

　水田から排水された水が通る水路です（図2-3）。小排水路、支線排水路、そして幹線排水路を経て最終的に河川に排水されます。排水路は用水路と違い、水田で使用された後の水なので漏水の心配は要りません。よって、コンクリート3面張りの水路にする必要がなく、大半は2面張りの水路が多いです（側壁がコンクリート、河床が自然素材）。以上のことから、比較的水生動物が生息しやすい環境にあるといえます。端（1987）は、用排水系統に一貫した魚類の生息環境の整備が理想ですが、一般論として排水路系を主な対象とするのが現実的と述べています。

2　圃場整備の問題点

　圃場整備によってコメの生産性が上がり、農家（生産者）そして私たち消費者は恩恵を受けています。その一方で、圃場整備が水田地帯に生息する水生動物に影響を及ぼしているという報告があります（端 1987；守山 1997；藤岡 1998：長谷川 1998；上田 1998；中川 2000；小澤 2000；新井 2001；食料・農業・農村政策審議会 2002）。
　圃場整備による乾田化、用排水路の分離およびコンクリート化は農業の効率性に貢献しますが、谷津田やため池、棚田などの湿地で産卵・生息するドジョウ、ナマズなどの魚類、ゲンゴロウ、タガメなどの水生昆虫にとって、致命的な影響を与えています。それに伴い、全国的に水田地帯に生息するメダカやドジョウが減少し、絶滅危惧種に指定されることになりました。また、水田などに生息する魚類を餌にするトキやコウノトリは、餌不足により絶滅の危機に瀕しています。
　私は、圃場整備が魚類や水生昆虫に及ぼす影響を明らかにし、水田地帯の生物多様性と農業の生産性向上を両立させるためにはどうすればよいかを博士論文で研究することにしました。圃場整備済み水田地帯における水生動物の現状を知るために、魚類や水生昆虫の分布調査を実施しました。
　魚類ではドジョウやナマズ、水生昆虫では赤トンボ類が水田地帯でよく見られます。しかし、彼らが水田地帯のどこに生息しているかは詳しく知られていません。また、その他にどのような水生動物が生息しているかもはっきりしません。
　私の調査結果によると、ドジョウやナマズ、赤トンボ類の他に魚類ではオイカワ（図2-4）、トンボ類ではシオカラトンボ（図2-5）が多いこ

とが分かりました。詳しい内容は後で述べます。彼らが好む生息場所を知った上で保全対策を講じることが、圃場整備済み水田地帯における生物多様性を考える上で効率的・効果的と思われます。

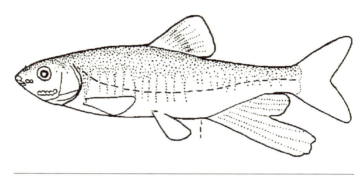

図2-4　オイカワ
※引用：中坊徹次（2013）『日本産魚類検索　全種の同定　第三版』
　　（東海大学出版会）

図2-5　シオカラトンボ
※引用：川合禎次・谷田一三（2005）『日本産水生
　昆虫　科・属・種への検索』（東海大学出版会）

3 圃場整備が水生動物に及ぼす影響

1 はじめに

　ここからは、私が博士論文で調査した内容を紹介します（松井・佐藤 2004a；2004b；2005；松井　2009）。私が博士課程に入学したのは2001年です。ちょうどその年の6月に土地改良法が改正され、環境との調和に配慮した農業農村整備事業が強く求められることになりました。

➤土地改良法とは

　見渡す限り広がる水田や畑、日本の伝統を育んできた農村風景があります。しかし、山脈が海岸線にせまる険しい地形の多い日本は、このような農業に適した平らな土地ばかりが元からあったわけではありません。また、たまたま平野部であっても、水源が十分でなく荒れ地であったり、逆に水はけが悪くて作物を育てるのにはあまり向いていなかったりということが多々あります。さらに、水田の場合であっても、傾斜があったり、凸凹（でこぼこ）の多い地形だったりすると、水が入ったときに、深いところと浅いところができてしまい、稲が水に浸り過ぎて腐ってしまったり、逆に水が届かずに干からびて枯れてしまったりします。このように、農業に適した土地は元々あるのではなく、遠くの川から水を引いてきたり、土地の傾斜を直したり、土を入れ替えたりと、長い歴史のなかで、人々が切り開き、これらを守ってきた努力によって今日の農地になっているのです。このような努力を「土地改良」と呼んでいます（北海道ホームページ）。

　土地改良法が改正された背景としては、このような農業の生産性をよ

くする土地改良が、水田に生息する生き物をはじめ地域の環境を破壊しているという問題が明らかになってきたからです。

➤農業農村整備とは

　庭先から大きなエンジン音とともに、トラクターが水田や畑に向かう——農村の朝には、そんな風景がよく見られます。農業は工場やオフィスビルへの通勤とは違って、生活の場と仕事をする場とがほとんど一体になった空間で行われています。農作業に欠かせない農道は、作物を出荷したり、トラクターなどが通過したりするのに使われます。また、子供たちが学校に通ったり、人々が車で買い物に出かけたりする生活道路でもあります。

　一人ひとりの農家の方の土地が入り組んで、道路もそれに合わせて、くねくねした回り道になっているところでは、農地を使いやすいように四角く整形するときに、一緒に道路も直線にした方が別々に工事するよりも安く済みます。このように、農村を対象に農地、水路などの施設、生活基盤の整備を組み合わせて一体として行う事業を「農業農村整備事業」といいます（北海道ホームページ）。

　土地改良法が改正されたことによって、コンクリート水路の土水路化や、排水路と水田との高低差をなくすなどの環境に配慮した事業が行われるようになりました。しかし一方で、現実には従来型の整備による水田が広範に残ることが予想され、これらの区域もまた地域全体の環境に大きな影響をもち続けると思われます。

　よって、圃場整備済み水田地区において、少なくとも最小限の環境対策の実施が望まれ、その対策を効率的に行うためには、整備済み水田地区における水生動物の生息実態を知る必要が出てきました。

　そこで、私は博士課程の１年間、毎月１回水田地帯で生物調査をする

ことにしました。調査フィールドは、茨城県筑西市の圃場整備済み水田地区の排水路をとり上げました。なお、本地区における生物多様性保全の基本的な考え方としては、種類数が多ければよいということではなく、地域らしさ、地域の個性が感じられるように、水生動物が生息できる環境を保全するということです。それを満足できる範囲内の圃場整備であれば、農業の生産性向上と地域の生態系保全の両立が可能であると思われます。

2 調査方法

(1) 調査地点

　調査地を茨城県筑西市の河間土地改良区管内の排水路に設定しました（図2-6）。河間土地改良区の区域は、茨城県筑西市の北東に位置します。北端は栃木県に接し、東西は小貝川、五行川に挟まれた、東西約2.5km、南北約9kmの細長い形状をなした水田地区であり、地区内には集落が散在しています。

　排水路は五行川にある赤井戸堰および五行川の左支流にある落合堰の2カ所から取水された用水地区からの排水を受けます。排水は小排水路から支線排水路、幹線排水路を経て五行川に自然排水されます。

　調査地点は上述の排水路系のなかで、非かんがい期における流水の有無を考慮して、幹線排水路2地点（以下、幹1、幹2といいます）、支線排水路2地点（以下、支1、支2といいます）および小排水路2地点（以下、小1、小2といいます）、全体で6地点を設定しました（表2-1）。各調査地点の全景を図2-7～図2-12に示します。

　本地区のかんがい期は、4月中旬から9月上旬の間です。幹線排水路と支線排水路は分岐していないため形態的に区分し難いですが、水深および流速の物理環境条件の違いから、下流側2地点を幹線排水路、上流

第2部　オイカワとシオカラトンボ

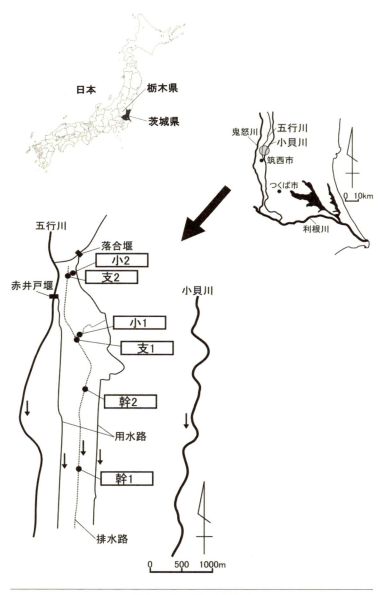

図2-6　調査地点の位置

3　圃場整備が水生動物に及ぼす影響

図2-7　幹1の全景（2001年7月）
　　　下流から上流を望む。

図2-8　幹2の全景（2001年7月）
　　　下流から上流を望む。

第2部　オイカワとシオカラトンボ

図2-9　支1の全景（2001年7月）
下流から上流を望む。

図2-10　支2の全景（2001年7月）
下流から上流を望む。

3　圃場整備が水生動物に及ぼす影響

図2-11　小1の全景（2001年7月）
下流から上流を望む。

図2-12　小2の全景（2001年7月）
下流から上流を望む。

側2地点を支線排水路とみなしました。水路構造については、側壁材料は全地点ともコンクリート、河床材料は幹1がコンクリート、幹2、支1および支2が砂礫、小1および小2が砂泥でした。幹1、幹2、支1および小1は一年中流水があるのに対し、支2および小2は非かんがい期に流水がありません。小1は集落からの生活雑排水などにより流水が維持されています。また、支1と小1の接続部、支2と小2の接続部には約0.30mの高低差があります。

表2-1 調査地点の概況

調査地点		通年通水	河床材料	側壁材料	水路幅(m)	水路深(m)	調査対象区間(m)	整備年(年)
幹1	幹線排水路1	○	コンクリート	コンクリート	3.20	1.20	80	1967
幹2	幹線排水路2	○	砂礫	コンクリート	2.71	1.20	100	1964
支1	支線排水路1	○	砂礫	コンクリート	2.22	1.20	100	1964
支2	支線排水路2	×	砂礫	コンクリート	1.42	1.20	100	1964
小1	小排水路1	○	砂泥	コンクリート	0.78	0.90	135	1964
小2	小排水路2	×	砂泥	コンクリート	0.78	0.90	135	1964

　本地区の圃場整備は、1964年度から農業構造改善事業として始まり、1975年度に完了しました。整備前は本地区は水量が豊富で用水には恵まれていましたが、排水が悪く、農道などもほとんど整備されておらず、県下でも有数な穀倉地帯でありながら不安定な営農状態におかれていました。

　幹1を除く5地点は1964年度、幹1は1967年度に整備されました。なお、当時の圃場整備は用排分離が行われていましたが、用排水路は全て開水路であり、近年のような転作を可能にする徹底的な乾田化を目的とした整備（パイプライン化）には至っていません。

赤井戸堰により水位を上げ、左岸側に設けてある取水樋管（ひかん）のゲート操作により取水された用水は、水田にかんがいされるまで大きな高低差がないことから、魚類の移動に支障はありません。一方、水田からの排水が五行川に流入するまでの間は、水田と小排水路の高低差が約1m あること、幹線排水路と五行川合流点の高低差が約3m あることから、水田と排水路系の間、排水路系と五行川の間で魚類の移動が妨げられていると推察されました。なお、幹線排水路から五行川合流直前には上流水位一定制御ゲートが設置されていました。かんがい期間中に本地区の排水を下流側の地区で用水として再利用するために常時ゲートが下ろされていました。

　ところで、同じ支線排水路でも一年中流水があるところとないところ、同じ小排水路でも一年中流水があるところとないところがあります。私は、この違いが生き物に影響を及ぼしているのではないかと考えました。研究を行う際は、最初にアイディアがないといけません。それを現地調査によって実証するのです。その結果、アイディアどおりになる場合もあればならない場合もあります。アイディアどおりの結果になれば安心しますが、私の経験上、逆にアイディアどおりの結果にならないときの方がおもしろい事実を含んでいることが多いです。ノーベル賞を受賞するような重要な発見はアイディアどおりの結果にならなかった場合にみられるようです。それは、アイディアどおりの結果になる場合というのは、所詮（しょせん）研究をしなくてもある程度予想がつく範囲の内容にとどまりますが、アイディアどおりの結果にならない場合というのは、私たち人間の理解を超えているわけですからどうしても大発見になるためなのです。そして、これこそが研究の醍醐味（だいごみ）といえます。

(2) **調査方法**

　2001年4月から2002年3月の間毎月1回、各月20日を基準に、排水

路の物理環境調査および水生動物調査を実施しました。調査はなるべく晴天の日に行い、1回の調査に2日間をかけ、ともに早朝から日没まで行いました。下流から上流に向かって調査を実施し、1日目は幹1、幹2および支1、2日目は小1、支2および小2の順で行いました。なお、支2は1～4月の間、小2は9～4月の間流水がないため調査を実施していません。

1）物理環境調査

水深、流速、水温、水素イオン濃度（以下、pHといいます）、溶存酸素濃度（以下、DOといいます）および電気伝導度（以下、ECといいます）を測定しました。水深は標尺、流速は流速計、水温、pH、DOおよびECは水質計を用いて行いました。水深および流速については、小1および小2では中央1カ所の測定値、幹1、幹2、支1および支2では横断方向に4分割した3カ所の測定値の平均値を示しました。なお、流速は60％水深点での測定値です。本地区の中心付近に位置する支1に水位計を設置し、1時間ごとに水位を記録しました。この水位計は自動で水位を測ってくれます。現在は、水質計、水位計、流速計など便利なものがありますから、あなたもそれらを上手に使い、身の回りの自然を調べることができます。

2）水生動物調査

魚類調査は投網（口径2m、網丈3m、目合い12mm）（図2-13）およびタモ網（底辺0.35m、高さ0.30m、目合い3mm）（図2-14）を用いて行いました。投網による採捕は、幹線および支線排水路では各地点につき5回行い、小排水路では行いませんでした。タモ網による採捕は、全地点において対象区間（表2-1）の両側の側壁部分に対し2m間隔で行いました。採捕した魚類は、大型の個体を除き、現地で直ちに10％ホ

3　圃場整備が水生動物に及ぼす影響

図2-13　投網による採捕
※引用：河川水辺の国勢調査基本調査マニュアル【河川版】

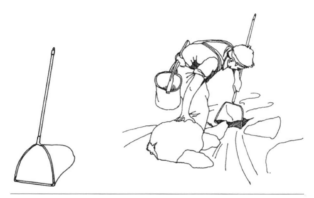

図2-14　タモ網による採捕
※引用：河川水辺の国勢調査基本調査マニュアル【河川版】

ルマリン水溶液に固定し、実験室に持ち帰った後、中坊（2000）に従って種を同定し、体長および湿重量を測定しました。

　水生昆虫調査はタモ網を用いて行いました。タモ網による採捕は、全地点において対象区間（表2-1）の両側の側壁部分に対して2m間隔で行いました。採捕した水生昆虫は、現地で直ちに10％ホルマリン水溶液に固定し、実験室に持ち帰った後、実体顕微鏡を用いて、川合（1985）および石田ら（1988）に従って種を同定し、個体数および湿重量を測定しました。また、採捕量が多かったシオカラトンボおよびハグ

ロトンボについては頭幅を測定しました。頭幅の測定にはノギスを使用しました。

3 調査結果

(1) 排水路の物理環境

　調査地区の水文状況について、降水量と支1における水深の季節変化を図2-15に示します。降水量は筑西市にある地域気象観測所の値です。2001年4月から2002年3月の間の総降水量は1,116 mmで、過去20年間の平均値1,167 mmに近かったです。支1の水深は全般にかんがい期に大きく、非かんがい期に小さい傾向を示しました。8、10月には降水に伴い、支1の水路深は1.00 m近くまで上昇しました。

　各調査地点における水深および流速の季節変化を図2-16に示します。水深および流速は各地点とも全般にかんがい期に大きく、非かんがい期に小さい傾向を示しました。

　各調査地点におけるDOおよびECの季節変化を図2-17に示します。DOは小1が9月以降他の地点と比較して顕著(けんちょ)に小さな値を示し、農業用水の水質基準である5 mg/L以上（農業土木学会　2000）を大きく下回る傾向にありました。ECは小1が10月以降他の地点と比較して顕著に大きな値を示し、農業用水の水質基準である30 mS/m以下（農業土木学会　2000）を大きく上回る傾向にありました。つまり、小1の水質が悪いことを示しています。

　各調査地点におけるpHおよび水温の季節変化を図2-18に示します。pHは全般に農業用水の水質基準である6.0〜7.5（農業土木学会　2000）を示しました。水温は全地点とも2001年7月に最高値を示しました。最低値は幹1、幹2は2002年1月に、支1、支2、小1は2001年12月に、小2は冬季に流水がないため2001年6月に示しました。

3　圃場整備が水生動物に及ぼす影響

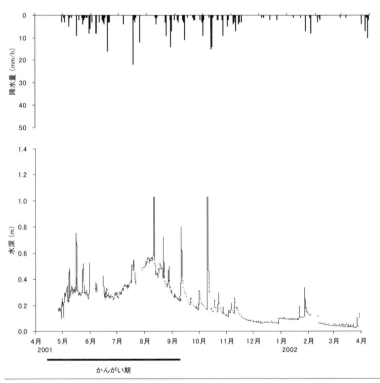

図2-15　降水量と支1における水深の季節変化

第2部 オイカワとシオカラトンボ

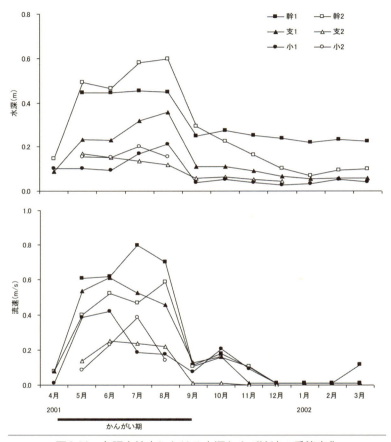

図2-16 各調査地点における水深および流速の季節変化

3　圃場整備が水生動物に及ぼす影響

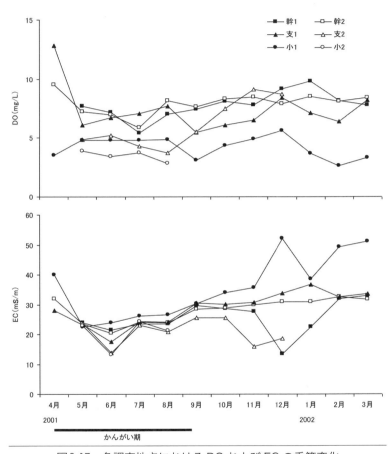

図2-17　各調査地点におけるDOおよびECの季節変化

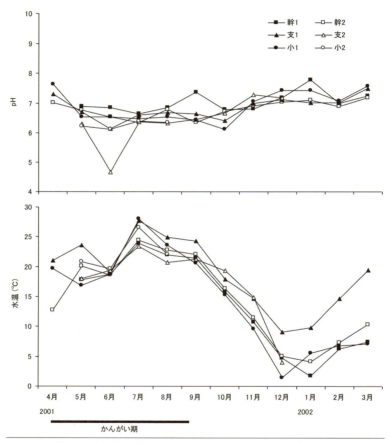

図2-18 各調査地点におけるpHおよび水温の季節変化

(2) 魚類の採捕量

採捕された魚類は、コイ、フナ属、オイカワ、カワムツ、ウグイ、モツゴ、タモロコ、カマツカ、ドジョウ、ナマズ、メダカおよびヨシノボリ属の計4目5科12種694個体でした（表2-2）。数値は実際に採捕された個体数です。なお、ドジョウについては、6月に支2、小1および小2において稚魚の個体数が極めて多く、全数を採捕することができませんでした。特に採捕量が多かったオイカワおよびドジョウのイラストを図2-19に示します。

オイカワおよびドジョウについては、各調査地点における体長分布、

表2-2 各調査地点で採捕された魚類の総個体数

種名 和名	学名	幹1	幹2	支1	支2	小1	小2	合計
コイ	*Cyprinus carpio*	0	9	1	0	0	0	10
フナ属	*Carassius* sp.	1	8	7	7	4	2	29
オイカワ	*Zacco platypus*	16	140	10	4	0	0	170
カワムツ	*Zacco temminckii*	7	31	9	0	0	0	47
ウグイ	*Tribolodon hakonensis*	0	20	0	0	0	0	20
モツゴ	*Pseudorasbora parva*	0	0	1	0	0	0	1
タモロコ	*Gnathopogon elongatus elongatus*	8	8	20	4	5	3	48
カマツカ	*Pseudogobio esocinus esocinus*	0	2	0	0	0	0	2
コイ科	Cyprinidae	21	9	0	5	1	0	36
ドジョウ	*Misgurnus anguillicaudatus*	24	31	38	75*	52*	77*	297
ナマズ	*Silurus asotus*	0	4	3	2	2	4	15
メダカ	*Oryzias latipes*	0	1	0	0	0	0	1
ヨシノボリ属	*Rhinogobius* sp.	1	11	1	5	0	0	18
合計		78	274	90	102	64	86	694

*2001年6月調査時に支2、小1および小2で個体数が多かったため、全個体を採捕できなかった。

第2部　オイカワとシオカラトンボ

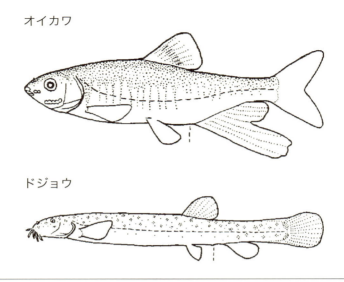

図2-19　本調査で採捕された魚類
オイカワとドジョウの体長はそれぞれ13cmと10cmである。
※引用：中坊徹次（2013）『日本産魚類検索　全種の同定　第三版』（東海大学出版会）

　採捕数と体長（平均±標準偏差）の季節変化、全調査地点における体長分布の季節変化を示します。ここで、標準偏差とはデータの散らばり具合（ばらつき）を示す指標です。この値が大きいほどばらつきが大きいです。なお、単位は平均値と同じです。
　ところで、体長分布を測定する意味は何でしょう。それは、体長を測定することで、魚類の成長具合を確認することができるのです。そして、本排水路系内で生まれた個体が仔稚魚、未成魚および成魚と成長しているか（世代交代しているか）を判断します。あなたが定期的な身体測定で体長や体重を測ることによって、成長の程度を確認しているのと同様です。
　本研究では、全魚類のなかで特に採捕量が多かったオイカワおよびド

ジョウについて詳しく調べました。このように、全魚類を対象にすると労力が必要になり、途中で挫折してしまう可能性がありますので、あなたが研究を始めるときは、最初は研究対象を絞るのがよいと思います。1種の生態を追うだけでも大変だからです。また、それだけでも十分魅力的な真実に迫ることができると思います。そして、新発見をするためには、この種の生態について現在どのようなことがすでに分かっているのかを知っておく必要があります。そのためには、普段から本や図鑑を読まなければなりません。

1）オイカワ

各調査地点におけるオイカワの体長分布を図2-20に示します。小1および小2では採捕されませんでした。採捕量が多かった幹2では、体長は最小値1.9 cm、最大値11.5 cmを示し、さまざまな体長サイズの個体が確認されました。

各調査地点におけるオイカワの採捕数と体長（平均±標準偏差）の季節変化を図2-21に示します。平均体長は幹2において4～8月に大きく、9月以降に小さくなる傾向を示しました。

オイカワ全採捕個体の体長分布の季節変化を図2-22に示します。4月は採捕数が37個体と多かったですが、5～8月は5個体以下と減少しました。9月になると、採捕数が34個体と再び多くなり、比較的体長が小さな個体によって占められ、12月以降は体長が3 cm前後の小さな個体しか採捕されませんでした。

第2部　オイカワとシオカラトンボ

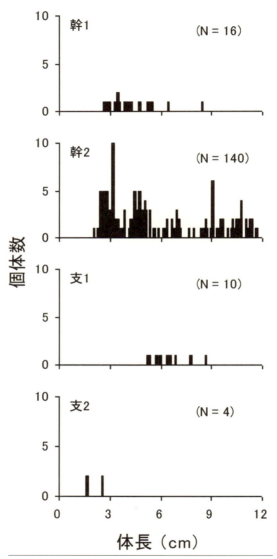

図2-20　各調査地点におけるオイカワの体長分布
小1および小2では採捕されなかった。Nは各地点で採捕された総個体数である。

3 　圃場整備が水生動物に及ぼす影響

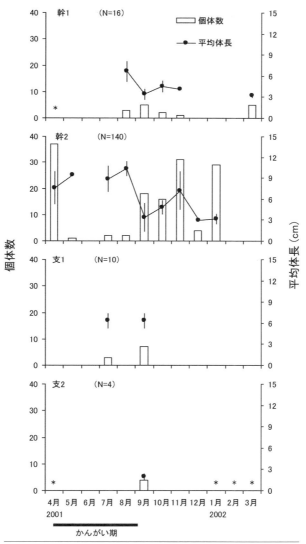

図2-21　各調査地点におけるオイカワの採捕数と体長
　　　　（平均±標準偏差）の季節変化

縦線は標準偏差を示す。Nは各地点で採捕された総個体数である。＊は調査を実施していない。

第2部 オイカワとシオカラトンボ

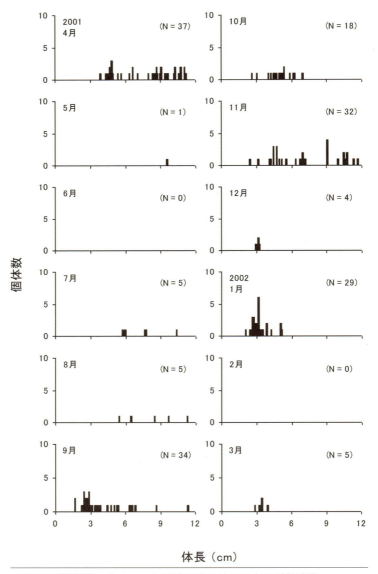

図2-22 オイカワ全採捕個体の体長分布の季節変化
Nは各月の採捕個体数である。

2）ドジョウ

　各調査地点におけるドジョウの体長分布を図2-23に示します。各地点とも3 cm以下の個体が採捕され、特に支2および小2において12 cm以上の個体が採捕されました。

　各調査地点におけるドジョウの採捕数と体長（平均±標準偏差）の季節変化を図2-24に示します。非かんがい期にも流水がある支1および小1では、5〜10月の間は採捕されましたが、11月以降は翌春まで採捕されませんでした。一方、幹1では非かんがい期にも個体数は少ないものの採捕されました。

　ドジョウ全採捕個体の体長分布の季節変化を図2-25に示します。5月に体長が2 cmに達しない5個体が採捕され、6月には152個体と極めて大きな値を示し、その大部分が6 cm以下の小さな個体で占められました。9月以降は各月数個体しか採捕されませんでした。

⑶ 水生昆虫の採捕量

　採捕された水生昆虫は、アオモンイトトンボ属、ハグロトンボ、コオニヤンマ、ミヤマサナエ、ギンヤンマ、コヤマトンボ、シオカラトンボ、ノシメトンボ、コノシメトンボ、タイコウチおよびミズカマキリの計2目7科11種792個体でした（表2-3）。数値は実際に採捕された個体数です。特に採捕量が多かったハグロトンボおよびシオカラトンボのイラストを図2-26に示します。

　ハグロトンボおよびシオカラトンボについては、各調査地点における頭幅分布、採捕数と頭幅（平均±標準偏差）の季節変化、全調査地点における頭幅分布の季節変化を示します。

　ところで、頭幅分布を測定する意味は何でしょう。それは、魚類の場合と同様に、頭幅を測定することで、トンボ類の成長具合を確認することができるからです。そして、本排水路系内で生まれた個体が幼虫（幼

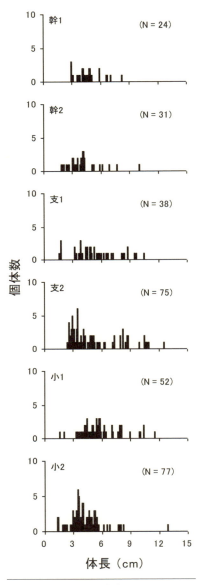

図2-23 各調査地点におけるドジョウの体長分布

6月調査時に支2、小1および小2で個体数が多かったため、全個体を採捕できなかった。Nは各地点で採捕された総個体数である。

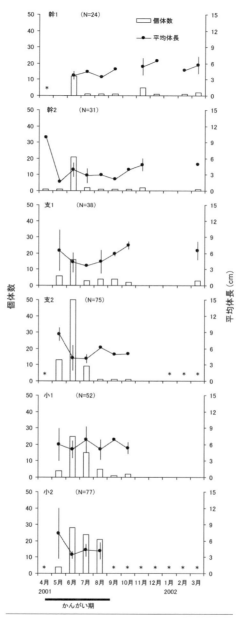

図2-24 各調査地点におけるドジョウの採捕数と体長（平均±標準偏差）の季節変化

縦線は標準偏差を示す。Nは各地点で採捕された総個体数である。＊は調査を実施していない。

第2部 オイカワとシオカラトンボ

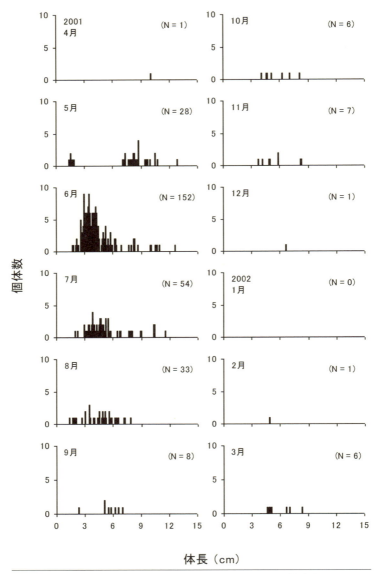

図2-25 ドジョウ全採捕個体の体長分布の季節変化
Nは各月の採捕個体数である。

3 圃場整備が水生動物に及ぼす影響

表2-3 各調査地点で採捕された水生昆虫の総個体数

種名 和名	学名	幹1	幹2	支1	支2	小1	小2	合計
アオモンイトトンボ属	Ischnura sp.	1	0	9	3	1	3	17
イトトンボ科	Coenagrionidae	0	1	1	2	0	0	4
ハグロトンボ	Calopteryx atlata	26	71	266	12	1	0	376
コオニヤンマ	Sieboldius albardae	1	0	0	0	0	0	1
ミヤマサナエ	Anisogomphus maackii	5	10	1	0	0	0	16
ギンヤンマ	Anax partenope julius	0	1	3	0	0	0	4
コヤマトンボ	Macromia amphigena	2	3	3	0	0	0	8
シオカラトンボ	Orthetrum albistyrum speciosum	3	10	64	8	238	0	323
ノシメトンボ	Sympetrum infuscatum	0	0	0	1	5	26	32
コノシメトンボ	Sympetrum baccha matutinum	0	0	0	0	3	0	3
タイコウチ	Laccotrephes japonensis	2	0	2	0	0	2	6
ミズカマキリ	Ranatra chinensis	1	0	1	0	0	0	2
	合計	41	96	350	26	248	31	792

第2部　オイカワとシオカラトンボ

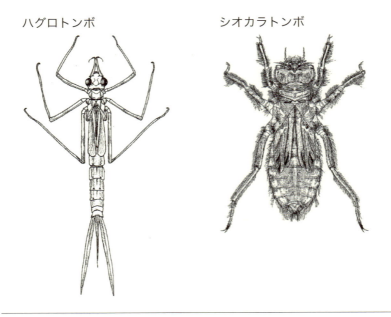

図2-26　本調査で採捕された水生昆虫
ハグロトンボとシオカラトンボの頭幅は表2-4と表2-5を参照する。
※引用：ハグロトンボは川合禎次（1985）『日本産水生昆虫検索図説』（東海大学出版会）、シオカラトンボは川合禎次・谷田一三（2005）『日本産水生昆虫　科・属・種への検索』（東海大学出版会）

虫のなかでもⅠ齢幼虫から終齢幼虫まで脱皮を繰り返します）および成虫と成長しているか（世代交代しているか）を判断します。
　トンボ類といえば、空中を飛び回る成虫をイメージすると思います。しかし、成虫はなかなか捕獲できないという問題があります。その点、幼虫は水中にいて移動距離も小さいことから簡単に捕獲できます。あなたがトンボ類の研究をするのであれば、最初は幼虫1種を研究対象にするのをお勧めします。

1）ハグロトンボ

　各調査地点におけるハグロトンボの頭幅分布を図2-27に示します。小2では採捕されませんでした。採捕数は支1が顕著に多かったです。支1では、頭幅がおおよそ1〜2mm、2〜3mmおよび4mmにピークを生じ、さまざまな頭幅サイズの個体が確認されました。

　各調査地点におけるハグロトンボの採捕数と頭幅（平均±標準偏差）の季節変化を図2-28に示します。平均頭幅は支1および幹2が同様の傾向を示し、5〜6月は大きく、10月から翌年の3月までは小さかったです。

　ハグロトンボ全採捕個体の頭幅分布の季節変化を図2-29、頭幅および湿重量の関係を表2-4に示します。頭幅の分布は3つに大別され、大きいものから順にA1グループ、A2グループおよびA3グループとしました。同一の頭幅であっても湿重量に幅があり（標準偏差が大きい）、特に羽化直前の頭幅が大きなグループにおいてこの傾向が顕著でした。

表2-4　ハグロトンボ幼虫の各グループにおける頭幅および湿重量

グループ	個体数	頭幅		湿重量	
		範囲(mm)	平均±標準偏差(mm)	範囲(g)	平均±標準偏差(g)
A1	35	3.40〜3.75	3.57±0.10	0.106〜0.188	0.150±0.022
A2	9	2.50〜2.90	2.69±0.15	0.052〜0.090	0.069±0.013
A3	332	0.60〜2.20	1.32±0.33	0.001〜0.033	0.006±0.005

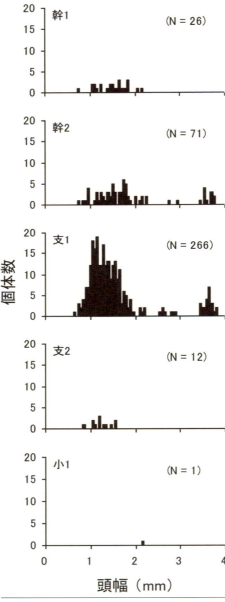

図2-27　各調査地点におけるハグロトンボの頭幅分布

小2では採捕されなかった。Nは各地点で採捕された総個体数である。

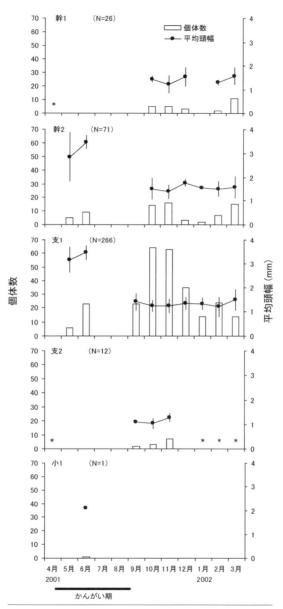

図2-28 各調査地点におけるハグロトンボの採捕数と頭幅（平均±標準偏差）の季節変化

縦線は標準偏差を示す。Nは各地点で採捕された総個体数である。＊は調査を実施していない。

第2部　オイカワとシオカラトンボ

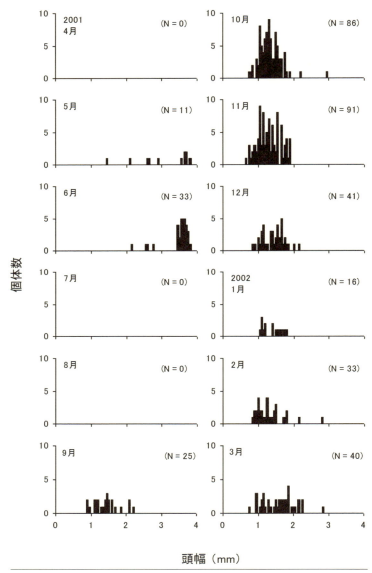

図2-29　ハグロトンボ全採捕個体の頭幅分布の季節変化
　　　　Nは各月の採捕個体数である。

2）シオカラトンボ

　各調査地点におけるシオカラトンボの頭幅分布を図2-30に示します。小２では採捕されませんでした。小１では、頭幅が１〜５mmのなかに幾つかのピークを生じ、さまざまな頭幅サイズの個体が確認されました。

　各調査地点におけるシオカラトンボの採捕数と頭幅（平均±標準偏差）の季節変化を図2-31に示します。平均頭幅は小１において４〜７月に大きく、８月から翌年の３月までは小さい傾向を示しました。

　シオカラトンボ全採捕個体の頭幅分布の季節変化を図2-32、頭幅および湿重量の関係を表2-5に示します。頭幅の分布は５つに大別され、大きいものから順にＢ１グループ、Ｂ２グループ、Ｂ３グループ、Ｂ４グループおよびＢ５グループとしました。ハグロトンボの場合と同様に、同一の頭幅であっても湿重量に幅があり（標準偏差が大きい）、特に羽化直前の頭幅が大きなグループにおいてこの傾向が顕著でした。

表2-5　シオカラトンボ幼虫の各グループにおける頭幅および湿重量

グループ	個体数	頭幅		湿重量	
		範囲(mm)	平均±標準偏差(mm)	範囲(g)	平均±標準偏差(g)
Ｂ１	41	4.50〜5.00	4.79±0.13	0.234〜0.659	0.377±0.086
Ｂ２	47	3.20〜3.80	3.59±0.14	0.118〜0.286	0.179±0.036
Ｂ３	97	2.45〜3.05	2.72±0.12	0.039〜0.135	0.074±0.018
Ｂ４	61	1.90〜2.30	2.08±0.10	0.017〜0.059	0.032±0.008
Ｂ５	77	1.15〜1.80	1.46±0.20	0.002〜0.023	0.010±0.005

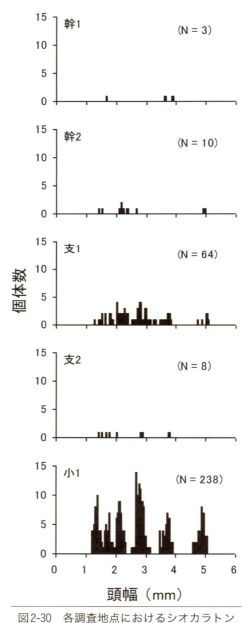

図2-30　各調査地点におけるシオカラトンボの頭幅分布

小2では採捕されなかった。Nは各地点で採捕された総個体数である。

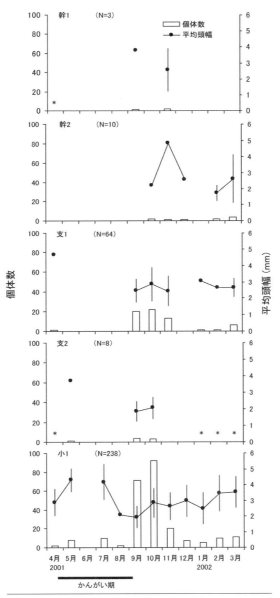

図2-31　各調査地点におけるシオカラトンボの採捕数と頭幅（平均±標準偏差）の季節変化

縦線は標準偏差を示す。Nは各地点で採捕された総個体数である。＊は調査を実施していない。

第2部　オイカワとシオカラトンボ

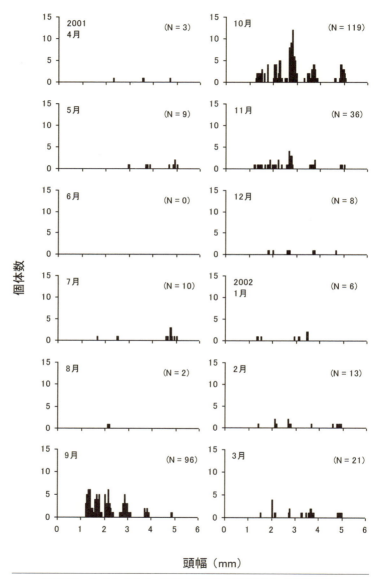

図2-32　シオカラトンボ全採捕個体の頭幅分布の季節変化
　　　　Nは各月の採捕個体数である。

4 考察

(1) 排水路の物理環境

　水深および流速の季節変化は、4月中旬から9月上旬にかけて取水される用水の影響が排水に直接的に表れたと考えられます。非かんがい期は幹1が他の地点よりも水深が大きく、流速が小さいことから（図2-16）、本調査地区の下流域が止水的環境になっていると推定されました。

　小1の水質は他の地点と比較して、DOが9月以降顕著に小さく、ECが10月以降顕著に大きいことから（図2-17）、汚濁していることが分かりました。小1では家庭雑排水が流入しており、特に非かんがい期は水田からの落水がないため、家庭雑排水が希釈されなかったことが9月以降の水質悪化の原因であると推定されました。

　支線排水路と小排水路の接続部には約0.30mの高低差がありますが、支1では降水に伴い0.30mを上回る水深を記録したことから（図2-15）、支1と小1、支2と小2の水面が連続することで魚類の移動に支障はなかったと考えられました。

　以上のように、本地区ではかんがい期および非かんがい期によって、水深、流速および水質の排水路環境が大きく異なることが明らかになりました。

(2) オイカワの生態

1）生息分布

　オイカワは全6地点で採捕された170個体のうち、約82％に相当する140個体が幹2で採捕されており、同じ幹線排水路でも河床が3面コンクリート張り水路である幹1では16個体しか採捕されませんでした（表2-2）。また、幹2ではさまざまな体長サイズの個体が採捕されました（図2-20）。本種は水深が5～10cmの流れが緩い平瀬の砂礫底で産

卵することから（宮地ら 1963；森・名越 1989）、本排水路系のなかで、特に幹2を中心に生息していると推定されました。河床が砂礫底であることは、本種の産卵場所の確保の観点から重要な条件であり、今後圃場整備を実施するに際し留意すべきです。

　本地区の下流側は、幹線排水路と五行川合流点の高低差が約3mと大きく、かんがい期間中に上流水位一定制御ゲートが常時下ろされているために、魚類が五行川から幹線排水路に遡上するのが困難です。上流側は、赤井戸堰から五行川に生息する魚類が幹線用水路に流入し、水田を経由して排水路に供給されることが考えられますが、本種は支線排水路で少なく、小排水路でまったく採捕されていないことを考慮すると、その供給量は少ないと思われます。以上のことから、本種は主に本排水路系内にとどまり、生息、生育していると推定されました。

2）生活史

　オイカワの体長分布の季節変化については、中村（1952）は、当歳魚（0歳魚）は秋までに7.8～9cm、1歳魚が9.8～11.3cm、2歳魚が11.3～12.4cm、3歳魚が12.5～14.0cmであること、宮地ら（1963）は、秋までに全長8～9cm、1年で10～11cm、2年で12cm、3年で13cmに成長すること、森・名越（1989）は、1年で全長6～10cm、2年で8～12cm、3年で13cmに成長することを報告しています。また、本種の産卵期は5～8月とされています（宮地ら 1963；森・名越 1989）。

　本調査では9月に採捕された34個体のうち（図2-22）、上述の体長に関する報告から判断して、体長が最大値11.2cmを示した1個体は1歳魚、残りの個体は0歳魚（当歳魚）と推定されました。従って、本地区において0歳魚が初めて出現したのは9月と考えられます。これは、本種の産卵期が5～8月とされていることから判断すると遅いです。本種

の産卵を遅らせている原因があるのかもしれません。今後の興味ある研究課題です。本調査結果から、本排水路系が産卵場所として機能したかどうかについては判断できませんが、少なくとも河川だけでなく本排水路系が生息場所になり得ると推定されました。この場合、本排水路系は河川の支流と同様の機能を果たしたと考えられます。

3）非かんがい期の生息場所

　水野・中川（1968）では、オイカワは冬季にも1～3歳魚が採捕されたのに対し、本調査では0歳魚以外はほとんど採捕されませんでした（図2-22）。また、0歳魚は幹2を中心にして、幹1でも採捕される傾向を示しました（図2-20）。

　森・名越（1989）は、河川では未成魚期以降は平瀬を好むこと、冬季は深みもしくは水生植物帯へ移動することを指摘しています。9月に幹2付近で誕生した0歳魚は、仔稚魚を経て、10月には未成魚になる（奥田ら　1996）と推定されます。本排水路系の物理環境は、非かんがい期の10月以降になると、かんがい期と比較して水深や流速が顕著に減少しました（図2-16）。特に、水深は幹1が翌年の3月にかけて約30cmを維持したのに対し、他の地点は顕著に小さな値を示しました。つまり、非かんがい期になると水深が大きい下流部へ移動したことが考えられます。

　辻井・上田（2003）は、秋以降の非かんがい期に水位低下がなかった整備済み地域のコンクリート水路では、メダカの個体数は減少せず、水位が低下した未整備地域の土水路では激減したと述べており、その原因として、水位低下に伴う基幹水路への脱出および残存水域に避難した個体の高い死亡率を指摘しています。本調査では、幹1から約3km下流の五行川合流部までの区域にある未整備地区の深みや水生植物帯へ移動したか、あるいは五行川まで降下したことが考えられます。以上のこと

を踏まえると、越冬個体は本排水路系下流の未整備地区で5～8月に産卵したため、本調査で0歳魚の出現が遅れたことが推定されます。

(3) ドジョウの生態

1）生息分布

ドジョウは全6地点で採捕された297個体のうち、水深が小さい小1、小2および支2で採捕量が多かったです（表2-2）。また、体長が12cm以上の成魚が小2および支2で採捕されました（図2-23）。本種は小溝の水草や水田の稲株などに産卵することから（宮地ら 1963）、本排水路系のなかで、特に水深が小さい支線および小排水路を中心に産卵していると推定されました。斉藤ら（1988）は、一時的水域に進入し、産卵する魚類として本種を挙げており、本調査結果においても小2および支2が一時的水域であることから、上述の報告と合致しました。

以上のように、幹・支線排水路と小排水路の高低差、あるいは小排水路と水田の高低差が小さいことは、本種の産卵場所の確保の観点から重要な条件であり、今後圃場整備を実施するに際し留意すべきです。さらに、産卵にとって好適な条件である浅水域を拡大するために、小排水路から水田への連続性の確保は特段の意義をもちます。その方法として、新沢・小出（1963）が提案した地表排水と地下排水の分離処理による浅い小排水路の採用は有効であり、生態保全的な視点からの再評価が望まれます。具体的な対策工としては後述します（図2-35）。

2）生活史

ドジョウの体長分布の季節変化については、宮地ら（1963）は、10日で全長2cmとなり、1年で体長8～10cm、2年で10～12cmに達すると述べています。本種の産卵期である4～6月のうち（宮地ら1963）、本調査では5月に体長が2cmに達しない5個体が採捕されてお

り（図2-25）、上述の体長に関する報告から判断して、0歳魚と推定されます。なお、6月は5月に確認されなかった3～6cmの個体が多数出現していますが、これは5月に生まれた0歳魚が急激に成長したためと考えられます。従って、本地区において0歳魚が初めて出現したのは5月と考えられます。本排水路系のなかで、特に支線および小排水路を中心に産卵、孵化したと推定されました。

3）非かんがい期の生息場所

　久保田（1961）は、ドジョウは梅雨期に産卵のために川上へ、秋季に冬眠のために川下へ移動すると述べています。本調査では、川上に相当する支2、小1および小2ではかんがい期に個体数が顕著に増加したのに対し、非かんがい期になるとまったく採捕されませんでした（図2-24）。特に、小1は一年中流水があるにもかかわらず、11月以降は翌春までまったく採捕されませんでした。一方、川下に相当する幹1、2では個体数は少ないですが、非かんがい期にも採捕されました。しかし、かんがい期に支2、小1および小2に出現した個体数と比較して、非かんがい期に幹1、2に出現した個体数は顕著に少なかったです。この原因については、死亡したことが考えられます。その他には、本排水路系の幹線排水路は3面コンクリート張りであるのに対し、支線および小排水路は2面コンクリート張り（河床は自然状態）であることから、本種が泥中に潜って越冬している可能性が考えられます。実際に、非かんがい期に干上がった小2の河床を掘り起こした結果、越冬個体を数個体確認していることもそれを裏付けます（松井　未発表）。

　以上のことから、本種は小排水路の泥中で越冬するか、あるいはオイカワと同様、非かんがい期になると幹1よりもさらに下流部まで降下して越冬していると推定されました。

⑷ ハグロトンボの生態
１）生息分布

　ハグロトンボは全６地点で採捕された376個体のうち、約71％に相当する266個体が支１で採捕されており、同じ支線排水路でも非かんがい期の１〜４月に流水がない支２では12個体しか採捕されませんでした（表2-3）。また、支１ではさまざまな頭幅サイズの個体が採捕されました（図2-27）。

　本種の生態的特徴について、津田・六山（1973）は、生息域は河川の中流域より平地の下流域まで広く分布すると述べています。石田・石田（1985）は、平地から丘陵地の水生植物が繁茂する緩やかな流れに生息し、流水域を好むと述べています。つまり、本種は本排水路系のなかで、特に流水的環境に該当する支線排水路のうち、非かんがい期にも流水がある支１を中心に生息していると推定されました。非かんがい期における流水は、本種の生存にとって重要な条件であり、今後圃場整備を実施するに際し留意すべきです。

２）生活史

　ハグロトンボの終齢幼虫の形態的特徴については、石田（1996）は、頭幅が3.6〜3.9mmと報告しています。本調査では、最も頭幅が大きいＡ１グループが3.40〜3.75mmの範囲を示しており（表2-4）、本グループが終齢幼虫に相当すると考えられました。

　幼虫の頭幅分布の季節変化をみると、６月に羽化すると考えられ（図2-29）、本排水路系のなかで、特に支１を中心に産卵、孵化したと推定されました。つまり、本種にとって本排水路系は産卵場所および生息場所として機能したと思われます。

⑸ シオカラトンボの生態
1）生息分布

　シオカラトンボは全6地点で採捕された323個体のうち、約74％に相当する238個体が小1で採捕されており、同じ小排水路でも非かんがい期の9〜4月に流水がない小2では1個体も採捕されませんでした（表2-3）。また、小1ではさまざまな頭幅サイズの個体が採捕されました（図2-30）。

　本種の生態的特徴について、津田・六山（1973）は、池沼などに生息すると述べています。石田・石田（1985）は、平地から低山地の池沼や水溜まり、水田、溝川（みぞがわ）などに生息し、止水域を好むと述べています。つまり、本種は本排水路系のなかで、特に止水的環境に該当する小排水路のうち、非かんがい期にも流水がある小1を中心に生息していると推定されました。非かんがい期における流水の意義はハグロトンボと同様です。

　シオカラトンボの分布の結果をみて、私はとても驚きました。同じ機能を有する小排水路であるにもかかわらず、一年中流水がある小1にはたくさん生息するのに、冬季に流水がなくなる小2には1個体も生存できないのです。一年中流水があることの意義を思い知らされました。このように当初予想しなかった結果は大変重要です。私たち人間の理解を超えているのですから。

2）生活史

　シオカラトンボの終齢幼虫の形態的特徴については、石田（1996）は、頭幅が4.8〜5.2mmと報告しています。本調査では、最も頭幅が大きいB1グループが4.50〜5.00mmの範囲を示しており（表2-5）、本グループが終齢幼虫に相当すると考えられました。

　幼虫の頭幅分布の季節変化から、5月に羽化する越冬世代および7月

に羽化する非越冬世代の年2世代の可能性がありますが、5〜7月にかけて長い羽化期間を有する年1世代の可能性を含めて（図2-32）、今後の興味ある研究課題です。ただし、9月に採捕されたB5グループの個体数と比較して、7月のそれは顕著に少なかったです。これは、本調査を実施している整備済み水田地区では、7月はかんがい期間中なので、小排水路でも流速が大きいことから、本種が5月に羽化しても生息できる環境が少ないのかもしれません。あるいは、本排水路以外の他の水域から羽化した個体が本排水路へ産卵にやって来た結果、9月にB5グループの個体数が多いのかもしれません。今後は水田地帯を構成する水田、水路、河川における本種の分布および生活史を明らかにしたいです。

　以上のことから、本排水路系のなかで、特に小1を中心に産卵、孵化したと推定されました。つまり、本種にとって本排水路系は産卵場所および生息場所として機能したと思われます。

　魚類に関してはオイカワとドジョウ、トンボ類に関してはハグロトンボとシオカラトンボが本排水路系で産卵、生息していると考えられました。本地区は圃場整備済みの水田地帯ですが、圃場整備によって幹線排水路、支線排水路、小排水路とさまざまな物理環境が造成され、上記の水生動物がそれぞれの水路レベルに応じて上手に生息していることが分かりました。つまり、圃場整備もそれほど悪いものではないと思われます。しかし、3面コンクリート張りにするとオイカワの個体数が減少する、一年中流水がないとシオカラトンボが生存できないなどの問題はあり、今後解決していかなければなりません。次の4章では具体的な解決策を考えます。

4 水生動物に配慮した圃場整備

1 選択的・段階的保全対策

　圃場整備の有効性と水田生態系の重要性を両立させるためには、簡便なものから順に、①かんがい期間終了とともに魚類を用水路から排水路へ避難させる、②魚道を設置する、③浅い小排水路を設置する、④一年中通水するなどの対策を講じることが重要と考えられます（表2-6）。

表2-6　選択的・段階的保全対策および期待される効果

	選択的・段階的保全対策				期待される効果
	用水路系から排水路系への放流工	支線用水路と小排水路の間の魚道	地表・地下排水分離による浅い小排水路	非かんがい期における小排水路への通水	
現況	×	×	×	×	―
対策①	○	×	×	×	用水路の魚類を排水路に避難させる
対策②	○	○	×	×	用排水路型魚類を保全する
対策③	○	○	○	×	排水路－水田型魚類を保全する
対策④	○	○	○	○	トンボ類を保全する

第2部　オイカワとシオカラトンボ

⑴ 対策①

　用水路系から排水路系へ魚類避難のために放流工(ほうりゅうこう)を設置します。整備済み水田地区の現況は、一般に用水路と排水路が分断されているため、かんがい期に河川から用水路に流入した魚類は、かんがい用水の停止に伴って、用水路内で死んでしまいます（図2-33）。その対策として、かんがい期に用水路内に現存した魚類を、用水の停止前に、用水路系と排水路系の交差部で落水し避難させるのです。ただし、この場合非かんがい期に排水路系に流水があることが条件になります。

図2-33　用水路内で死んだ魚類（本調査、河間土地改良区管内）

⑵ 対策②

　支線用水路と小排水路の間に魚道を設置し、用水を放流することによって、タモロコ、コイのようにかんがい期に用水路系と排水路系の両方に分布する用排水路型魚類（松井・佐藤　2004b）の用排水路間の往

来を可能にします（図2-34）。放流によって、小排水路の流量が増加すれば、支線排水路の魚類が小排水路に誘引されると思われます。

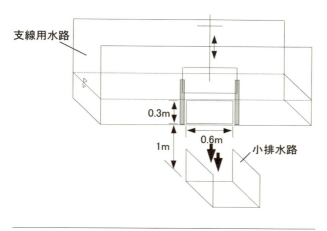

図2-34　支線用水路から小排水路への放流工

(3) 対策③

　地表排水と地下排水の分離処理を基礎として、浅い小排水路を採用します（図2-35）。この提案は、ドジョウ、ナマズのように主に排水路系に生息し産卵のために水田を目指す排水路－水田型魚類（松井・佐藤2004b）を、かんがい期に水田に容易に進入させ、産卵場所を飛躍的に増大させるものです。この場合、対策②の魚道は小排水路の末端と支線排水路の間に移動することになります。

　浅い小排水路の採用については、新沢・小出（1963）がかつて減歩（圃場整備後に水田面積が以前より減ること）の抑制、法面管理の省力化などを目的に提案した圃場整備方式が、生物保全的な視点から現代において再評価される必要があります。この提案は、地下水排水のために暗渠を設置することで、地表小排水路を浅くすることができ、さまざまな物理的・経済的利益が得られるという指摘です。この浅い小排水路を

土水路にした場合でも、土水路の面積が小さいので、維持管理上の負担は限定的なものになります。また、個々の水田1枚1枚に魚道を設置する必要がなく、魚道の数を大幅に減らすことができます。

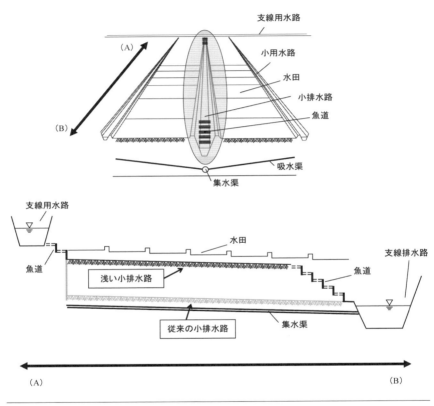

図2-35　小排水路を水田および支線用水路に接続する方法

(4) 対策④

　非かんがい期に小排水路に通水します。魚類は水深が大きい越冬場所に自ら移動できるのに対し、シオカラトンボやハグロトンボなどの水生昆虫の大部分は一定の場所に幼虫の形で越冬するため、移動性が小さ

く、非かんがい期の流水によって乾燥から守られます。

　これらの保全対策のなかで、対策④は水利権の問題が関わっており、解決には時間を要すると思われます。対策②と③は併せて施工するのが効率的であり、費用を要すると考えられます。対策①は簡便かつ効果的であり、現在すぐにでも実施できるでしょう。しかし、これはあくまで第一歩であり、将来には対策②、③そして対策④を講じることが求められます。

2　水生動物に配慮した利水計画

(1) 流水の有無が水生動物に及ぼす影響

　全般に非かんがい期に流水がある地点の方がない地点よりも水生動物の採捕量が多い傾向にあると判断されました。なお、小1は生活雑排水などが主な供給源であり、水質が悪いにもかかわらずたくさんのシオカラトンボを確認できたことは注目すべきです。

　ところで、本調査で確認されたノシメトンボに注目すると、小1では5個体でしたが、小2では26個体確認されました（表2-3）。上田（1998）は、近年ノシメトンボが増加している原因について、特に平野部における水田の乾燥化が、もともと水のない場所を選んで産卵する傾向があるこの種の卵にとって、むしろ好ましい環境を提供していると考えられると述べています。本地区のノシメトンボも非かんがい期に流水がない小2のような環境を生息場所として選択していると考えられました。

　水野・浦田（1964）は、一時的水域では5〜7月の灌水（かんすい）後短期間にミジンコ、ある種のワムシおよび原生動物が大量発生すると述べています。斉藤ら（1988）は、水田地帯の一時的水域は、かんがい初期にいくつかの魚種の繁殖場所として利用されるだけでなく、そこで発生するプ

ランクトンは多くの仔稚魚や用水路だけに生息する魚にも直接・間接に利用されると述べています。これらの報告も、本地区におけるノシメトンボの調査結果も、非かんがい期に乾燥するような一時的水域が恒久的水域と同様、生態系の構成要素として重要な意義をもつことを示しています。

(2) 通年通水する意義

　水生動物に配慮した水管理の方法を考える際、非かんがい期の通水の仕方については、幹線、支線だけでなく、小排水路にも流水を確保することが求められます。しかし、本調査結果から、すべての小排水路に流水を確保することは生物多様性をかえって損ねることが示唆されました。

　非かんがい期に小排水路に確保する流量については、本調査でシオカラトンボが多数採捕された小1では、非かんがい期の平均的な水深は約5cmとほとんど止水状態であったことから、それほど大きな流量は必要ないと考えられます。非かんがい期はかんがい期と比較して水温が低いため、排水路の魚類はほとんど動きません（松井・佐藤　2004b）。非かんがい期は幹線排水路から小排水路へ移動する魚類は少なく、水深が大きい幹線排水路のどこかに生息していると推定されます。それであれば、小排水路から少量の流水によって、幹線排水路には魚類が生息できるだけの水量が確保されると思われます。

　非かんがい期に流水を確保するためには、河川から取水し、用水路系から排水路系へ送・配水しなければなりません。このような取水は冬季の河川維持流量確保などとの関係から、新規に用水を確保することは難しいのが現状です。しかし、佐藤（2002）が指摘するように、これらの用水は使用されるもののほとんど消費されず河川に還元するものと考えられます。ただし、取水地点から還元水流入地点までの河川区間につい

ては、河川流量の減少は避けられません。しかし、この減水による影響が特に大きいものでなければ、水田生態系が豊かになることによって、農業用用排水路とつながっている河川生態系も自ずと豊かになると考えられるので、非かんがい期に少量の通水をすることは、地域全体にとって好ましいことになります。

　かんがい期についても、支線用水路と小排水路を流水によって接続するためには用水路から排水路への放流が必要になります。これは用水にとっては無効放流です。しかし、この放流は消費されることなく排水路を流下するので、適切な場所で用水として再利用すれば用水量上の問題は生じません。再利用の場所としては、下流部の用水路と排水路が近接する付近が望ましいです。もちろん、さらに詳しい通水の仕方の検討には、用水路および水田まで含めた生態構造の把握が必要です。

(3) 通年通水する水路間隔

　守山ら（1990）は、特定の繁殖地からのトンボ類成虫の飛来距離を調査し、オオイトトンボおよびアジアイトトンボは1.2～1.3km、ショウジョウトンボは1.0～1.1km移動するとしています。トンボの移動距離の範囲に次の繁殖地を設ければ、種の交流が可能になり、遺伝子の固定化を防ぐ上で有効です。

　トンボ類保全のためには、前記で提案した浅い小排水路（図2-35）に、最大1km程度以内の間隔で、一年中流水を確保すればよいと考えられます。小排水路にトンボ類などの水生昆虫が多数生息できれば、魚類の餌資源を提供することになり、魚類保全にも有効です。

　なお、非かんがい期の流水を支線用水路から小排水路に直接排水するか、水田を経由して小排水路に排水するかについては、それぞれの地区の条件に応じて判断すべきです。本地区では、サギ類が1年を通して観察され、非かんがい期に排水路で採餌していたことから、水田が湛水さ

れれば、サギ類の採餌場所になる可能性があります。一方、冬季の湛水によって圃場の地耐力(ちたいりょく)の低下などが懸念されます。今後は、これらの長所と短所を考慮した上で、非かんがい期に流水を水田に湛水するかどうかを判断する必要があります。

3　水生動物に配慮した排水路整備

(1) 魚類に配慮した排水路整備

　オイカワにとって、本排水路系は河川の支流と同様の機能を果たしたと考えられます。河川に生息するオイカワなどの遊泳魚(ゆうえいぎょ)が、水田排水路系に進入するためには、河川と水田の境界が明確なのは好ましくありません。平野ら (2004) は、河川と水田の間に広い水域がある方がないよりも、一時的水域を好まない魚類を多く確認しています。従って、河川と水田の間に湿地を造成すれば、水質や水位などの変化が緩和されて、魚類が進入しやすいと推定されます。また、湿地は非かんがい期の越冬地にもなり得ます。

　一方、ドジョウなどの底生魚は、河川から進入する必要はなく、湿地から産卵場所の水田に向かって遡上し、産卵後は降下して湿地で越冬すればよいです。ただし、小排水路の泥中でも越冬できるように河床は自然状態にするのがよいです。

　確かに、湿地を造成するためには、土地が必要です。端 (1997) が指摘するように、現在は耕作放棄地が増加していることから、それらを1カ所にまとめることができれば実現可能と思われます。

　なお、水田地域の生物多様性を保全するためには、湿地造成だけでなく、河川と排水路系の連続性確保、排水路系内の幹線、支線および末端の各レベルの連続性確保、一年中流水の確保が必要であることはいうまでもありません。

(2) トンボ類に配慮した排水路整備

　本排水路系のなかで、ハグロトンボは支線排水路、シオカラトンボは小排水路を主たる産卵場所および生息場所にしていると考えられました。ただし、両種とも9〜10月に本排水路系内に生息した幼虫が、11月以降に減少する傾向を示しました（図2-29、図2-32）。特に、この傾向はシオカラトンボに顕著でした。

　この原因は、ハグロトンボは流水性で排水路を好む傾向があるのに対して、シオカラトンボは止水性で、排水路より他の水域を好むためなのかもしれません。よって、本排水路系内で死亡した可能性が考えられます。水田は非かんがい期に乾燥するため生息場所になりません。上述した湿地の造成は魚類だけでなく、止水性のトンボ類の保全のためにも効果を発揮すると期待されます。

5　今後の課題

　未来を生きるあなたが快適な社会生活を営むためには、圃場整備と水田生態系の両方を守っていかなければなりません。自分で見て、考えて、分からないことを解決していくことが大切です。そうすることで、圃場整備と水田生態系の両立が可能になり、その結果、水田が社会的資産として国民に受け入れられるのだと思います。

　今後の課題として、水田地帯に生息するオイカワは冬季にどこで越冬しているのでしょうか。本排水路系ではなぜ産卵時期が遅れたのでしょうか。また、水田地帯に生息するシオカラトンボの生活史が年1世代なのか2世代なのか、どちらでしょうか。排水路系だけでなく水田や河川に生息しているシオカラトンボとの関係はどうなっているのでしょうか。これらの疑問点を調べることは興味深いことです。

　このような魚類やトンボ類が生息できる環境は、私たち人間にとっても住みよい環境であることに間違いありません。私が住む福井県小浜市の国富地区は、野生のコウノトリの営巣が国内で最後に確認されたゆかりの地です（図2-36）。そこで、豊富な地下水を利用して水田地帯に流し、最下流部に湿地を造成すれば、河川と水田が面的に保全され、コウノトリが戻ってくることが期待されます。また、湿地ではレンコンやミョウガなどを栽培することによって、食べる楽しみにもなると思われます。しかも、これらの植物は水質浄化にも寄与すると期待されます。これらのことを実証し、コウノトリが生息できる農村環境を次世代に継承したいです。

図2-36 1957年に福井県小浜市国富地区で営巣が確認された3羽のヒナと親鳥(林武雄さん提供)

※引用:『福井新聞』(2011年6月4日)

引用文献

新井裕（2001）『トンボの不思議』どうぶつ社　東京

藤岡正博（1998）「サギが警告する田んぼの危機」『水辺環境の保全』（江崎保男・田中哲夫編）34-52　朝倉書店　東京

長谷川雅美（1998）「水田耕作に依存するカエル類群集」『水辺環境の保全』（江崎保男・田中哲夫編）53-66　朝倉書店　東京

端憲二（1987）「魚類の生息を考慮した水路の改良」『農業土木学会誌』55：1067-1072

端憲二（1997）「農業水路における魚類の生態と保全計画」『せせらぎ』12：11-19

平野拓男・村岡敬子・山下慎吾・天野邦彦（2004）「水田地域の構造の違いが魚類の遡上に及ぼす影響」『応用生態工学会第8回研究発表会講演集』25-28

北海道ホームページ「なぜなぜ土地改良」　http://www.pref.hokkaido.lg.jp/ns/ssk/02nazenaze/index.htm

石田勝義（1996）『日本産トンボ目幼虫検索図説』北海道大学図書刊行会　北海道

石田昇三・石田勝義（1985）「蜻蛉目（トンボ目）Odonata」『日本産水生昆虫検索図説』（川合禎次編）33-124　東海大学出版会　東京

石田昇三・石田勝義・小島圭三・杉村光俊（1988）『日本産トンボ幼虫・成虫検索図説』東海大学出版会　東京

「河川水辺の国勢調査基本調査マニュアル【河川版】」　http://mizukoku.nilim.go.jp/ksnkankyo/mizukokuweb/system/manual.htm

川合禎次（1985）『日本産水生昆虫検索図説』東海大学出版会　東京

川合禎次・谷田一三（2005）『日本産水生昆虫　科・属・種への検索』東海大学出版会　神奈川

久保田善二郎（1961）「ドジョウの生態に関する研究 ─ Ⅰ．生態的分布」『農林省水産講習所研究報告』11：141-176

松井明・佐藤政良（2004a）「茨城県下館市の水田圃場整備によって造成された排水路系における水生生物の分布」『保全生態学研究』9：153-163

松井明・佐藤政良（2004b）「整備済み水田用排水路系における魚類生息の実態分析に基づく環境改善案の提示」『応用生態工学』7：25-36

松井明・佐藤政良（2005）「整備済み水田用排水路系における水生生物の選択的保全対策」『農業土木学会誌』73：277-280

松井明（2009）「整備済み水田排水路系における魚類およびトンボ類数種の成長過程」『保全生態学研究』14：3-11

Matsui Akira, (2016), *Aquatic animal ecology in a consolidated paddy field, Japan*, LAP LAMBERT Academic Publishing, Saarbrücken

宮地傳三郎・川那部浩哉・水野信彦（1963）『原色日本淡水魚類図鑑』保育社　大阪

水野信彦・中川尚之（1968）「オイカワの生長」『大阪府の川と魚の生態』（水野信彦編）164-177　大阪府水産林務課　大阪府

水野寿彦・浦田実（1964）「一時的溜り水のプランクトン群集に対する乾燥の影響とその適応性」『生理生態』12：225-229

森誠一・名越誠（1989）「オイカワ」『山渓カラー名鑑　日本の淡水魚』（川那部浩哉・水野信彦・細谷和海編）244-249　山と渓谷社　東京

守山弘・飯島博・原田直国（1990）「トンボの移動距離をとおしてみた湿地生態系のありかた」『人間と環境』15：2-15

守山弘（1997）『水田を守るとはどういうことか ― 生物相の視点から ―』農山漁村文化協会　東京

中坊徹次（2000）『日本産魚類検索　全種の同定　第二版』東海大学出版会　東京

中坊徹次（2013）『日本産魚類検索　全種の同定　第三版』東海大学出版会　神奈川

中川昭一郎（2000）「ほ場整備における生態系への配慮」『農村と環境』（農村環境整備センター編）16：48-53　農村環境整備センター　東京

中村一雄（1952）「千曲川産オイカワ（Zacco platypus）の生活史（環境、食性、産卵、発生、成長其他）並にその漁業」『淡水区水産研究所研究報

告』1：2-25
農業土木学会（2000）『農業土木ハンドブック　基礎編』農業土木学会　東京
奥田重俊・柴田敏隆・島谷幸宏・水野信彦・矢島稔・山岸哲（1996）「オイカワ」『川の生物図典』（リバーフロント整備センター編）332-333　山海堂　東京
小澤祥司（2000）『メダカが消える日』岩波書店　東京
斉藤憲治・片野修・小泉顕雄（1988）「淡水魚の水田周辺における一時的水域への侵入と産卵」『日本生態学会誌』38：35-47
佐藤政良（2002）「『地域の水』を管理するということ」『農業土木学会誌』70：797-798
新沢嘉芽統・小出進（1963）『耕地の区画整理』岩波書店　東京
食料・農業・農村政策審議会農村振興分科会農業農村整備部会技術小委員会（2002）『環境との調和に配慮した事業実施のための調査計画・設計の手引き』農林水産省　東京
田渕俊雄（1999）『世界の水田　日本の水田』山崎農業研究所　東京
津田松苗・六山正孝（1973）『カラー自然ガイド7　水生昆虫』保育社　大阪
辻井要介・上田哲行（2003）「コンクリート化された水路におけるメダカの分布とそれに影響を及ぼす環境要因について」『環動昆』14：179-192
上田哲行（1998）「水田のトンボ群集」『水辺環境の保全』（江崎保男・田中哲夫編）93-110　朝倉書店　東京

（引用文献はアルファベット順に並べました）

　　　　　　　　お わ り に

　第1部ではダム建設と水生生物（ヒゲナガカワトビケラ、オオカナダモなど）の関係、第2部では水田整備と水生動物（オイカワ、シオカラトンボなど）の関係を明らかにしました。ダム建設や水田整備などの社会資本整備が、周りに生息・生育する水生生物に大きな影響を及ぼすことが分かりました。ヒゲナガカワトビケラ属や外来種のオオカナダモが優占し、本来のダム下流河川生態系が損なわれました。オイカワは3面コンクリート張り水路では産卵できず、シオカラトンボは一年中流水がない水路では生存できませんでした。
　しかし、社会資本整備は私たちの生活を快適・便利にしてくれる必要不可欠なものです。本書で明らかにした水生生物の生息・生育実態をもとに社会資本整備と生物保全を両立させていかなければなりません。私が提案したダム水位操作の変更、用水路系から排水路系への放流工や地表排水と地下排水の分離処理による浅い小排水路の採用などの対策は、現在の社会資本に最小限の環境配慮を施すというものです。研究で終わらせるのではなく、是非実社会で実現させてほしいと思います。
　最後に、次世代を担う若者に特に伝えたいことがあります。あなたは地球人です。現代は世界の出来事が瞬時に伝わり、また発信することもできます。日本にとどまらず世界に目を向けて行動し、人類の発展・幸福に貢献してほしいと思います。
　私は博士号を取得し、そのまま大学で研究を続けたいと思いましたが、空いているポストがなく、現在は地元の建設コンサルタント会社に勤務し、地域の環境をよくするためにライフワークとして（市民研究者として）活動しています。研究は大学でなくてもできます。待遇や住んでいるところは関係ありません。逆に、少々研究環境に恵まれない方

が、負けん気と相まってものごとが上手（うま）く進むところがあります。要はやる気次第なのです。

　私が博士号を取得する際に得たことの1つとして、ものごとを探究する喜びが挙げられます。ものごとの真理はシンプルにできています。複雑にできているときはまだ真理に至っていないことが多いです。そのときは、さらに考えぬいて真理を追究しなければなりません。その作業は思考錯誤の繰り返しで辛（つら）いものかもしれませんが、必ず突破口が現れます。そこにたどり着くまで走り続けてほしいのです。

　あなたたち一人ひとりは必ず何らかの役割（使命）をもって生まれてきました。その使命は一人ひとり違っています。だから、周りの人を気にする必要はありません。その使命に早く気づき、それを実現させてください。そうすれば、あなたの人生は必ず充実した素晴らしいものになるでしょう。

謝辞

　本文に引用した書籍、新聞および論文を転載するに際し、快く同意をしていただきました。特に、東海大学出版会出版部長の橋本敏明氏には魚類や水生昆虫の図、滋賀の理科教材研究委員会事務局長の井田三良氏には水生植物の図、福井新聞社編集局長の安達洋一郎氏にはコウノトリの写真を提供していただきました。

　LAP LAMBERT Academic Publishing（本社：ドイツ）Acquisition Editor の Tatiana Melnic 氏には本書第1部の英語版 *Effects of dam on downstream aquatic community in Japan*（2016年3月22日発行）、第2部の英語版 *Aquatic animal ecology in a consolidated paddy field, Japan*（2016年9月8日発行）を企画・出版していただきました。

　東京図書出版編集部には本書を企画・出版していただきました。

　私の勤務する京福コンサルタントには会社面で援助していただきました。

　最後に、妻の雅美、息子の理、創には生活面および精神面で支えていただきました。

　これらの方々に深く感謝いたします。

松井　明（まつい　あきら）

1972年生まれ。1995年新潟大学教育学部卒業。2004年筑波大学大学院生命環境科学研究科修了、博士（農学）。2007年京福コンサルタント株式会社（本社、福井県小浜市）入社。現在に至る。専門は、水田生態工学、河川生態工学。水田生態系や河川生態系に配慮しながら、水田整備、河川整備およびダム建設するにはどうすればよいかを研究している。

ダム建設、水田整備と水生生物
ヒゲナガカワトビケラ　オオカナダモ　オイカワ　シオカラトンボ

2017年7月18日　初版第1刷発行

著　者　松井　明
発行者　中田　典昭
発行所　東京図書出版
発売元　株式会社 リフレ出版
　　　　〒113-0021　東京都文京区本駒込 3-10-4
　　　　電話（03）3823-9171　FAX 0120-41-8080
印　刷　株式会社 ブレイン

© Akira Matsui
ISBN978-4-86641-067-8 C0051
Printed in Japan 2017
落丁・乱丁はお取替えいたします。

ご意見、ご感想をお寄せ下さい。

［宛先］〒113-0021　東京都文京区本駒込 3-10-4
　　　　東京図書出版